岩石中不等长多裂纹起裂及扩展规律试验研究

陈庆丰　著

黄河水利出版社
·郑州·

内容提要

本书以岩石当中的不等长多裂纹为研究对象，利用理论分析、类岩石材料物理试验、数字散斑相关方法(DSCM)和数值模拟试验相结合的手段详细研究了脆性类岩石材料中主次裂纹之间的起裂及扩展规律，获得了裂纹角度、岩桥长度及次裂纹的长度对裂纹的起裂、扩展以及主次裂纹之间贯通的影响规律。

本书可供地质、土木、采矿等专业的高校师生和工程技术人员参考。

图书在版编目(CIP)数据

岩石中不等长多裂纹起裂及扩展规律试验研究/陈庆丰著. —郑州:黄河水利出版社,2020.10

ISBN 978-7-5509-2846-6

Ⅰ.①岩… Ⅱ.①陈… Ⅲ.①岩石破裂-裂纹扩展-试验研究- Ⅳ.①TU452

中国版本图书馆 CIP 数据核字(2020)第 217254 号

组稿编辑:陶金志 电话:0371-66025273 E-mail:838739632@qq.com

出版社:黄河水利出版社 网址:www.yrcp.com

地址:河南省郑州市顺河路黄委会综合楼 14 层 邮政编码:450003

发行单位:黄河水利出版社

发行部电话:0371-66026940、66020550、66028024、66022620(传真)

E-mail:hhslcbs@126.com

承印单位:河南承创印务有限公司

开本:787 mm×1 092 mm 1/16

印张:9

字数:157 千字 印数:1—1 000

版次:2020 年 10 月第 1 版 印次:2020 年 10 月第 1 次印刷

定价:68.00 元

前　言

岩石中不等长多裂纹起裂及扩展问题是岩石断裂力学研究的重要课题之一。岩体中的原生裂纹是一个具备多种尺度裂纹的系统。裂纹系统的存在会对岩体的稳定以及破坏产生影响,但是对岩体稳定性起主导作用的往往是具有一定尺度和规模的主裂纹,而岩体中的主裂纹和尺度较小的次裂纹又相互影响和相互作用,这些相互作用的裂纹组共同组成岩体的裂纹系统。由于岩石是一种广泛存在于自然界的工程材料,在大量的实际工程当中需要解决岩体的变形、稳定性以及强度等问题,而与工程相关的岩体的物理、力学性质同岩体内部所包含的形态复杂、数量众多的裂纹缺陷系统密切相关。因此,对岩体中的裂纹系统进行深入研究,辨识对岩体的稳定起主导作用的主裂纹,并对主次裂纹之间的相互影响进行评价和分析具有重要的理论和实际工程意义。

本书通过类岩石材料物理试验、数字散斑相关方法(DSCM)以及数值模拟试验相结合的方法,研究了在准静态加载条件下,含不等长多裂纹试件的裂纹扩展规律,获得了裂纹角度、岩桥长度以及次裂纹的长度对裂纹的扩展、主次裂纹之间的贯通所产生的影响规律。基于断裂力学理论建立了受拉状态下的Ⅰ-Ⅱ复合型不等长双裂纹的主裂纹失稳起裂时的强度表达式,通过对强度表达式的分析获得了岩桥长度、次裂纹长度以及裂纹角度的变化对裂纹起裂强度的影响规律。

基于国内外众多学者在预制裂纹扩展领域的相关研究成果,对预制裂纹的扩展及贯通机制展开进一步的研究,并对先前学者在岩石裂纹领域较少涉足的研究方向,有针对性地设置了30种工况试件,采用先进的高速摄像系统对裂纹演化的动态过程进行追踪拍摄,从而捕捉到裂纹的起裂、扩展以及贯通破坏的全部过程。通过对30种工况试件的试验结果进行分析,在试验研究方面得到以下结论:

(1)含不等长裂纹的试件在外荷载作用下,对试件的失稳破坏起主导作用的是尺度较大的裂纹,即主裂纹;在类岩石材料的物理试验中,几乎所有工况试件中的主裂纹都在试验过程中最先发生了扩展,而尺度较短的次裂纹在加载过程中是否发生扩展,主要与岩桥长度以及裂纹与加载方向的角度有关;随着岩桥长度的增加,裂纹之间的相互影响会趋于减弱,次裂纹在荷载作用下发生扩展的概率会逐渐减小；裂纹面法向与加载方向相平行时，次裂纹难以发生扩展；而当裂纹面与加载方向成30°~60°夹角时，试件中预制次裂纹更容易发生扩展而造成岩桥贯通。

(2)通过应用高速摄像机系统对试件加载全过程的拍摄，在物理试验过程中捕捉到了脆性类岩石材料试件当中裂纹起裂的瞬间影像，确定了在不同几何参数条件下的各个试件中预制裂纹的起裂点位置；同时，在试验过程中发现，绝大多数的试件起裂是从预制主裂纹的外尖端开始的，并由此确定了主、次裂纹相互作用的情况下，裂纹失稳的关键点是主裂纹的外尖端点。

(3)单轴荷载作用下，含两条不等长预制裂纹的试件是否产生岩桥贯通主要与岩桥长度、次裂纹长度以及裂纹面的倾角有关；在固定的裂纹长度下，随着岩桥长度的增加，预制裂纹之间的相互作用趋于减弱，发生岩桥贯通的概率也逐渐减小。当岩桥长度达到或者超过主裂纹的长度时，不等长裂纹间的相互影响已经相对较弱，此时试件较难发生岩桥贯通破坏；在固定的岩桥长度下，随着次裂纹长度的逐渐减小，主、次裂纹之间的相互作用也会减弱，使得裂纹之间的岩桥区难以发生贯通破坏，当次裂纹长度减小至主裂纹长度的1/6时，两裂纹间的相互作用可忽略不计，主、次裂纹将不会发生贯通。

(4)含不等长双裂纹试件在进行单轴压缩试验时，试件表面位移矢量场在受压初期位移很小，并且位移方向几乎与加载方向保持一致，基本不受预制裂纹的影响；当荷载接近试件承载力极限时，全场位移矢量图开始出现局部位移“突变”，裂纹起裂点附近位移量突然增大，并且位移方向产生较大的偏转。位移矢量场在裂纹的扩展路径附近以及破裂部位产生较大变形，展现了试件表面的裂纹扩展路径以及裂纹的张开程度；预制裂纹缺陷的存在会使得试件出现局部应变集中的现象，与试件位移场不同的是，在试件加载的初期，就已经可以从试件表面应变场云图看出在预制裂纹的尖端附近发生了应变集中。应变集中的程度主要同预制裂纹的尺度相关，预制主裂纹的内外尖端处应变集中现象最为明显，尤其在主裂纹的外尖端附近区域，应变值最大。通过对比裂纹扩展瞬间的试验图片发现，在单轴加载条件下，含裂纹试件裂纹的扩展方向主要沿着X轴方向的应变集中区以及剪应变集中区发展。

(5)通过RFPA系统对含不等长多裂纹组合的模型进行单轴、双轴加载的数值模拟，进一步验证了物理试验中得出的结论：对试件破坏起主控作用的失稳关键点是尺度较大的主裂纹外尖端点；在多裂纹的单轴加载数值模拟中，岩桥与加载方向的角度对裂纹之间最终的连接贯通产生重要的影响。当裂纹之间的岩桥连线与加载方向平行时最容易产生裂纹贯通，贯通模式一般为拉贯通;在双轴加载中,侧向压力会使裂纹的扩展路径发生变化,使得主导试件贯通破坏的裂纹从主生裂纹转变为以次生裂纹为主,并且随着侧向压力的增大主生裂纹在加载过程中扩展量会逐渐减小,裂纹起裂时的强度也会随着侧向压力的升高产生明显增大的趋势,表明了侧向压力对裂纹的起裂、扩展有限制作用。

在不等长双裂纹的理论研究中,基于断裂力学理论与Ⅰ-Ⅱ复合型裂纹等 $\sigma_\theta\varepsilon_\theta$ 线面积断裂(开裂)准则,建立了Ⅰ-Ⅱ复合型不等长双裂纹在受拉状态下的失稳起裂强度表达式,相应地得到主裂纹外尖端处在开裂时的起裂强度值:

$$\sigma_c^{a_2} = \frac{K_{IC}}{J\sqrt[4]{F_{11}(1-\cos 2\beta)^4 + F_{12}(1-\cos 2\beta)^2(\sin 2\beta)^2 + F_{22}(\sin 2\beta)^4}}$$

式中:K_{IC} 为材料的断裂韧度;β 为裂纹与加载方向的夹角;F_{11}、F_{12}、F_{22} 为与材料力学性能相关的参数;J 为与裂纹几何布置形式有关的参数。

通过将理论公式计算出的多个工况的裂纹起裂强度值同数值模拟计算出的结果对比,发现两者的误差基本在10%之内,证明了强度表达式的适用性。通过对表达式的分析可以发现:

(1)对主裂纹起裂强度影响最大的因素是裂纹面与加载方向的夹角。随着裂纹与加载方向的夹角逐渐变小,裂纹的起裂强度会逐渐提高,当裂纹面接近或者平行于加载方向时,理论计算出的裂纹起裂强度接近于材料的抗拉强度。

(2)岩桥长度的变化也会对裂纹的起裂强度产生重要影响。岩桥长度的增大会导致两裂纹之间的相互作用减弱,使得裂纹之间的岩桥区难以形成较大的应力集中区域,从而使得裂纹起裂强度提高,但是增大的幅度相对较小。

(3)随着次裂纹长度的增加,试件内缺陷随之增大,试件的有效承载面积相应减小。从而造成裂纹尖端的应力集中现象加剧,使得主裂纹的起裂强度逐渐降低。

作　者

2020 年 8 月

目　录

前　言
1　绪　论 …………………………………………………………… (1)
　1.1　研究背景和意义 ……………………………………………… (1)
　1.2　国内外研究现状 ……………………………………………… (4)
　1.3　主要研究内容 ………………………………………………… (8)
2　裂纹分类及试验系统介绍 ………………………………………… (10)
　2.1　裂纹缺陷的概念 ……………………………………………… (10)
　2.2　试验设计介绍 ………………………………………………… (14)
　2.3　本章小结 ……………………………………………………… (25)
3　不等长双裂纹试件的裂纹扩展试验研究 ………………………… (26)
　3.1　引　言 ………………………………………………………… (26)
　3.2　岩桥长度对裂纹扩展影响试验 ……………………………… (27)
　3.3　主次裂纹的相互影响扩展试验 ……………………………… (46)
　3.4　试验结果分析 ………………………………………………… (64)
　3.5　本章小结 ……………………………………………………… (73)
4　不等长双裂纹扩展的变形场研究 ………………………………… (75)
　4.1　数字散斑相关方法简介 ……………………………………… (75)
　4.2　位移矢量场分析 ……………………………………………… (78)
　4.3　试件表面应变场分析 ………………………………………… (85)
　4.4　本章小结 ……………………………………………………… (90)
5　不等长裂纹扩展的数值模拟研究 ………………………………… (91)
　5.1　真实破坏过程分析方法 RFPA 简介 ………………………… (91)
　5.2　单轴加载下的不等长双裂纹扩展模拟 ……………………… (92)
　5.3　单轴加载下的不等长多裂纹扩展模拟 ……………………… (99)
　5.4　双轴加载下的不等长双裂纹扩展模拟 ……………………… (104)
　5.5　本章小结 ……………………………………………………… (107)
6　含不等长双裂纹模型的裂纹起裂强度研究 ……………………… (109)
　6.1　引　言 ………………………………………………………… (109)

6.2　强度理论 …………………………………………………… (110)
6.3　含不等长裂隙缺陷力学模型 ………………………………… (113)
6.4　不等长裂纹理论模型的验证 ………………………………… (121)
6.5　本章小结 …………………………………………………… (124)
7　结论与展望 …………………………………………………… (126)
7.1　主要研究结论 ………………………………………………… (126)
7.2　创新点 ……………………………………………………… (127)
7.3　展　望 ……………………………………………………… (128)
参考文献 ……………………………………………………… (129)

1 绪 论

1.1 研究背景和意义

煤矿在开采过程中经常会遭受各种地质灾害,常见的有瓦斯、水害、顶板(冲击地压)三大灾害。而开采过程中的瓦斯突出、突水、冲击地压及顶板事故等煤矿动力灾害的形成无不与采动煤岩体裂隙分布和演化直接相关。采掘活动必然使得一定范围内煤岩发生变形、破坏,从而引起支承压力等采动应力的变化。采动应力引起煤岩体裂隙的时空演化,决定着煤岩体中瓦斯的解析、扩散、运移,同时煤矿突水通道的形成和发展一般就是煤岩体中主控裂隙的演化过程;而顶板事故,特别是冒顶和采空区顶板垮落就是采动裂隙发展的结果。总之,在采动应力作用下煤岩体中裂隙的萌生、扩展和贯通是煤矿三大灾害的主要根源所在。

裂隙岩体是地质体的重要组成部分,在形成过程中经受了板壳运动等一系列的复杂地质作用,并且这一过程仍然伴随着地质运动而持续不断。裂隙岩体在环境中存在的广泛性,导致大量工程(如煤矿开采、交通工程、边坡工程等)中遇到这一复杂的介质。

由于岩石是一种非均质的脆性工程材料,并且受到各种地质运动的长期作用,导致岩石当中产生大量的裂纹面、滑动面、节理面以及断层,从而使岩石成为一种各向异性、非均质、脆性、不连续的工程介质体。我们知道,一个结构的稳定性通常取决于这个结构当中的薄弱环节,而岩体当中的不连续面通常决定着整个岩体的稳定性和破坏形态。岩体当中的裂隙根据贯通与否,可以划分为两大类:贯通节理与非贯通节理。多年来的研究表明,岩体当中的非连续面(包括贯通节理面或非贯通节理面)的发育或扩展是造成岩体在工程或者环境影响下失稳破坏的首要原因。

为了能够定量研究工程当中的岩体力学性质,目前常用的做法是在工程现场进行大型原位测试来实现,这种做法可以很好地获得工程地质的准确资料,数据翔实可靠,但是缺点是投入很高、工期难以控制、不经济。通常只有在工程规模达到一定级别时才会考虑采用大型现场原位试验。另外,岩体内部的节理、裂隙等薄弱面决定着岩体在外荷载作用下的变形以及破坏形态等。为了尽可能在实验室模拟出岩体的结构特性，近年来，研究人员开始将岩体的工程作用简化为可室内模拟的相似性模型，进而研究节理裂隙岩体。

岩石的破坏通常是由裂纹、孔洞等初始缺陷造成的，而其破坏过程还会造成新裂纹的萌生、扩展、相互连接贯通以及裂纹之间的相互影响作用。这一破坏过程也是含有大量初始微缺陷的岩石、玻璃等脆性材料损伤破坏的基本方式。在单轴压缩条件下，岩石当中所蕴含的裂纹、孔洞等再加上内部晶体之间的相互作用造成了裂纹在受力过程中难以预测的扩展、贯通模式。岩石当中不同尺度裂纹之间的相互作用造成了裂纹尖端区域应力场的变化，使裂纹尖端产生应力集中和转移，进一步影响岩石中局部的拉剪应力区域的组成以及裂纹的扩展速度。岩石承载能力会因为这些复杂的内部变化而下降，从而使得峰值强度降低。

从图 1-1 可以看出，岩体和混凝土中赋存着大量的裂纹，并且这些裂纹长度、倾向各不相等，有张开型裂纹也有闭合型裂纹，体现了岩体与混凝土中裂纹系统的多样性。岩体中的原生裂隙具有确定性和随机性共存的特征，其中一部分裂隙具有确定的倾向、倾角和间距组数特征，而另一部分具有随机的特征。也就是说，岩体裂隙是一个确定和随机相结合的裂隙系统，但是对岩体稳定性起主导作用的往往是那些具有一定尺度和规模的主控裂隙。例如：在边坡工程中导致边坡失稳的往往只是某一条裂隙的扩展；而在煤矿开采中，决定瓦斯突出或突水通道形成的也只是周围岩体中的某一条主控裂隙。同时，岩体中主控裂隙和其他周围裂隙是一个相互作用和相互影响的系统，根据系统论的观点，所有系统都可以分为有限个子系统。系统最终的结果不是组成该系统的各个子系统简单的累加，而是各个子系统在系统组织下相互影响而形成的。主控裂隙对岩体的稳定起主要作用，而那些相对弱小的裂隙在岩体破坏过程中起怎样的作用？它们的演化方式和相互作用的模式又是如何？这些是岩体破坏和失稳研究的重要课题。同时大量的工程事故案例说明：大量的岩土工程失稳破坏都是其内部薄弱面（如节理或裂隙等）扩展贯通而造成的。因此，深入细致地对岩体当中的裂纹系统进行研究，区分出对岩体的稳定起主导作用的主裂纹，并对主、次裂纹之间的相互影响进行评价和分析具有重要的理论和实际工程意义。然而，目前针对裂隙岩体的研究从形式上主要集中在等长、等间距的裂纹扩展等方面，但是实际工程中所遇到的裂纹系统都是具有多种尺度及倾向的裂纹组合，而关注这种不等长裂纹模型的研究还相对较少。因此，本书以岩石当中的裂纹系统为研究对象，利用类岩石材料物理试验、数字散斑相关方法(DSCM)和数值模拟试验相结合的手段来详细研究脆性类岩石材料当中主、次裂纹之间的相互作用及其扩展规律。

(a) 裂隙岩体　(b) 混凝土裂隙

(c) 岩体中的张开型裂纹　(d) 岩石中的裂纹

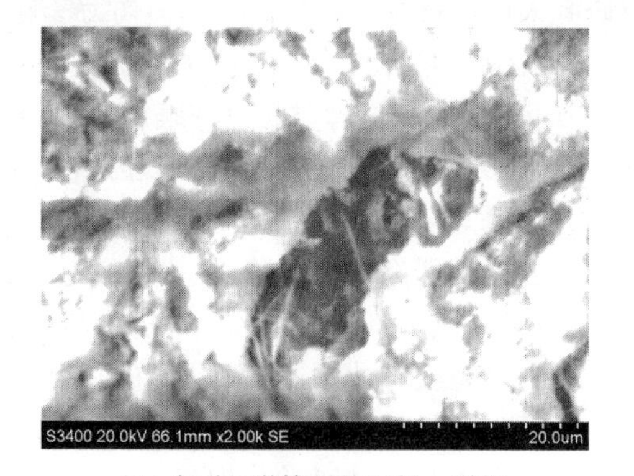

(e) 电子显微镜下的混凝土裂纹

图 1-1　岩体和混凝土中的裂纹

1.2 国内外研究现状

1.2.1 裂纹缺陷理论研究

脆性材料如岩石、玻璃等在加载至破坏的过程中,其峰值强度远低于理论计算值,这是由于材料当中存在的裂纹和孔洞等初始缺陷在加载过程中萌生出新的裂纹并发展贯通最终导致材料破坏。Griffith 是最先开始从试验和理论角度对裂纹缺陷进行系统研究的学者之一,他于 1921 年就发现了裂纹扩展引起材料破坏的条件,进而又基于能量耗散的角度建立了材料强度同裂纹长度之间的关系式。1949 年,Orowan 对 Griffith 提出的理论进行了一定的修正,使得这一理论有了进一步发展。1957 年,Irwin 首次提出了应力强度因子这一力学概念,使得脆性断裂力学理论在认识上取得了重大突破。Brace 于 1966 年建立了二维平面裂纹滑移开裂的模型,揭示了滑动裂纹尖端部位产生的弯折张开型裂纹是压剪型荷载的作用导致的新裂纹,并进一步根据所建立的二维模型对岩石破坏前的扩容现象进行了理论解释,提出了岩石在受压状态下裂纹产生二次扩展的前提条件是外荷载的不断增长以维持裂纹扩展过程。在 Brace 建立的二维模型中,当试件处于受拉状态时,试件当中的裂纹扩展是不稳定的。这一理论模型没有考虑裂纹之间的相互作用影响,但是在解释岩石中的裂纹开裂机制时不受此影响,因此使得这一模型的适用范围仅限于裂纹密度较小或者裂纹扩展的前期间距较大的情况。在 20 世纪 60 年代的同时期,库克、霍克等研究人员通过基于断裂力学和损伤力学理论的均质材料裂纹扩展理论,分析了岩石在单轴受压状态下裂纹的扩展情况。

进入 20 世纪 80 年代,众多学者对裂纹缺陷的研究开始偏重于理论与试验研究相结合,但此时研究的重点还是关于力学理论模型的创建。这一时期取得比较突出的研究成果有:Nemat-Nasser 和 Horii, Ashby, Sammis 和 Obata 等学者基于线弹性断裂力学理论分析了单个、多个和成多组雁行分布的预制张开型裂纹试件在单轴受压状态下的裂纹起裂、扩展和搭接贯通破坏机制,并进一步深入研究了预制多裂纹与试件自由面之间的相互作用而引起的局部应力集中,从而建立了裂纹之间相互作用的理论模型,建立了相互作用因子来对试件进行强度分析。这些学者通过定量分析和试验验证,建立了二维平面模型,这一模型可以很好地解释岩石中的缺陷促使裂纹扩展而导致岩石劈裂破坏的现象。他们进一步研究发现:含裂纹试件处于三轴受力状态时,试件中裂纹之间的相互作用使得裂纹扩展非稳定化，导致裂纹局域化破裂区的形成，并控制材料的破坏强度以及最终的失稳破裂面。Kachanov 等学者在考虑岩石塑性性质的基础上，建立了符合滑移摩擦性质的预制裂纹的断裂力学扩展理论模型。日本学者 Murakami 等通过创立材料的几何损伤理论，认为材料当中的微缺陷造成了材料的损伤，并且材料中微缺陷的几何分布、密集程度决定着材料的损伤度大小以及损伤破坏演化规律。在之后的研究中，有学者将损伤的几何张量描述同等效应力的概念相结合，创立了以几何损伤理论为核心的研究领域。国外的 Kyoya 和 Kawamoto 等学者最早在实际岩体工程中应用了 Murakami 提出的几何损伤理论，并基于此建立了节理岩体的损伤力学模型；与此同时，国内的一些学者也从事了以非线性有限元为基础的节理岩体损伤模型研究。

进入 20 世纪 90 年代之后，大量的研究者开始采用全新的数值分析方法对含裂纹缺陷的模型进行更为系统和深入的分析研究。国内的学者也越来越多地开始从事这方面的研究，Shen 等学者在 20 世纪 90 年代初运用 DDM 数值模拟和试验相结合的方法，研究了含单个和两个预制张开、闭合型裂纹的模型，他们的研究重点是：在考虑岩石断裂的滑动以及岩桥区裂纹相互作用的前提下，建立了抽象的断裂变形模型，同时模拟了模型的拉剪破坏；随后在考虑 Mode Ⅰ和 Mode Ⅱ裂纹表面能量的前提下，建立了新的断裂准则，并将取得的新准则同试验结果进行验证。陈卫忠等也通过理论分析和类岩石材料模型试验相结合的方法对断续节理岩体当中的蠕变损伤断裂机制进行了系统的研究，建立了节理裂隙岩体蠕变演化的等效模型以及考虑损伤耦合的应变与裂隙蠕变扩展的本构方程。王庚荪等学者运用理论数据方法研究了裂纹在单、双轴加载条件下的裂纹扩展贯通机制，提出了模型宏观的破坏主要与裂纹的几何分布、模型所受到的侧向压力以及参与贯通的裂纹有关，但较为可惜的是他们没有进行相应的试验去验证这一理论结果。Ashby 和 Sammis 基于他们 20 世纪 80 年代的研究成果又建立了裂纹增长的损伤模型，他们在这一修正后的模型里进一步考虑了裂纹之间的相互作用。Zhang 等学者运用损伤力学对节理岩体进行了理论研究，从统计学的角度提出岩体节理裂隙长度、走向和密度符合一定的概率分布规律，通过对岩体表面随机分布的裂纹进行实地量测，进一步从损伤力学角度对岩体随机各向异性的损伤问题进行了研究。同样以损伤力学为基础，通过对岩体的体积平均应力、应变分析的方法，建立了节理岩体的等效力学模型，这一力学模型可以反映出岩体当中节理的大小、密度分布、倾向性、节理连通率等力学特性。Swoboda 和 Yang 通过内时理论和自由能函数相结合的方法,求解出了节理岩体的损伤演比方程以及节理岩体的本构关系。

1.2.2 裂纹缺陷岩体试验研究

岩体中断续节理面的尺度大小、密集程度以及几何分布特征在很大程度上主导着节理裂隙岩体中岩桥区域的贯通破坏模式以及岩体的变形和强度特性等,岩桥同加载方向的夹角以及岩桥长度会影响其变形特性和裂纹的扩展路径。

最早是由 Griffith 展开理论和试验研究裂纹缺陷,他建立的强度准则被广泛运用于研究裂隙岩体的破坏机制,在一定时期内很多研究人员的工作都集中于预制裂纹起裂、扩展,而对于裂纹在加载扩展过程中岩桥区的贯通方式以及裂纹直接的相互作用研究较少。在之后的研究中,研究人员逐渐发现含节理裂隙等缺陷的材料破坏失效的主要原因是其中裂纹扩展并相互作用搭接所致。搞清楚裂纹直接的相互作用以及破坏演化机制对于实际工程如边坡失稳、煤矿巷道稳定性以及深部隧道的围岩稳定性都具有重要的意义。国内外许多研究者开始研究裂纹缺陷,他们大多采用不同的相似性材料来模拟试样中的断续节理裂隙在岩桥区域的扩展、搭接过程。

Lajtai 和 Savilahti 等学者运用直剪试验对相似材料以及岩石中两条平行间隙的破坏形态进行了研究。国内的朱维申等在岩体抗剪强度试验中描述了岩桥的贯通过程并且测试了含非贯通裂隙岩体的强度。沈婷等国内学者通过石膏模型预制裂纹的直剪试验,研究了裂隙连通率、裂隙几何布置对试样破坏形态的影响。但是,以上的研究过程中,直剪试验主要反映的是试件在裂隙影响下荷载的作用效应,由于试验条件的限制,很难在试验过程中观察到裂隙在荷载作用下的扩展搭接过程,更难以深入研究裂纹长度、角度以及岩桥长度对裂纹扩展形态以及裂纹尖端应力场的影响,也未能分析裂纹之间的相互影响作用。霍利等通过单轴、双轴加载试验对含大量小裂纹的树脂材料模型进行了裂隙间相互影响以及裂隙的最终贯通破坏模态研究。

国内的周维垣等通过在脆性类岩石材料中预制成组的各种倾角的裂纹组,并对试件进行单轴加载试验以及常规三轴加载试验,模拟验证了节理岩体的损伤力学模型,并和建立的损伤演化方程进行对比验证。范景伟等通过在高强度石膏试件中预制闭合型断续裂纹,并进行了单轴和低围压加载测试,重点分析了含断续节理面的脆性类岩石材料试件的强度特征及其破坏机制,同时根据试验当中出现的裂纹尖端由于应力集中而产生的撕裂破坏,建立了预估这种形态的岩体强度准则。这一准则适用于估算等长断续节理的裂纹起裂强度,对于更贴近实际岩体中裂纹状态的不等长断续节理则无法估算。刘东燕等学者采用砂浆试块模拟砂岩,并在试块浇筑过程中预制具有爬坡角度的斜裂纹,对试件进行单轴加载压缩试验,发现裂纹的倾角对裂纹初裂强度影响较大,当裂纹面法向与最大主应力方向成45°时裂纹的初裂强度最低,通过断裂力学建立了单裂纹的初裂强度准则。徐靖南和朱维申通过大量的共面多裂纹单轴加载试验,详细研究了压剪共面多裂纹的破坏机制,在试验研究的基础上提出了针对这一情况的强度判定准则。朱维申、白世伟等研究人员通过高强度石膏、重晶石粉以及河砂配置成脆性类岩石材料制成模型,并在模型中插入薄云母片(试件成型后不取出)来模拟不同角度的闭合节理面,在加载过程中分析了雁行裂纹的扩展模式;通过对试验结果的分析,总结出了如下规律:发现剪切破坏一般发生在岩桥倾角为30°~60°时,拉剪复合型破坏则多发生在岩桥倾角在60°~90°,由翼裂纹(拉裂纹)的扩展造成岩桥的贯通则多发生在岩桥法向同加载方向平行时。白世伟等学者在含裂纹的石膏模型试验加载中采用激光散斑照相技术结合应变片测试技术对试件表面的位移场和应力场进行测量,通过对试验结果进行分析,归纳总结出了裂纹的扩展规律以及破坏机制。中国矿业大学的黎立云等采用水泥配置含不同倾角的裂纹试件,对试件进行了单轴以及双轴加载测试,同时利用有限元方法计算出试件的全场应力并计算出了预制裂纹尖端的应力强度因子,以此为基础分析了不同裂纹角度对试件强度的影响规律。李宁等研究人员采用循环动荷载对含裂纹石膏模型进行加载试验,研究了循环动载作用下非贯通节理岩体的强度以及变形特征,分析了裂纹角度、裂纹贯通率(裂纹密度)以及动载频率对岩体强度、变形以及破坏形态的影响;发现随着动荷载频率的增加,试件的残余强度也随之增加。

20世纪末以来,国际上针对裂隙岩体的研究重点是裂隙间的相互作用,主要研究对象是预制两条或多条裂隙的搭接贯通过程。Reyes 和 Einstein 采用石膏作为模型材料,不同于以往研究人员的是他们通过对完整试件进行表面切缝的方式来预制裂纹,并对含两条裂纹的试样进行单轴压缩试验,在试验过程中通过连接显微镜的录像机录制了裂纹的微观扩展贯通过程。通过对裂纹的扩展录像分析,发现翼裂纹(拉裂纹)和次生裂纹容易在单轴加载条件下产生,这两类裂纹也是造成岩桥贯通破坏的主要原因,但是这些裂纹是通过切缝预制的,裂纹面之间不接触,无法考虑裂纹面之间的摩擦系数对裂纹扩展的影响。Shen 等学者为了将裂纹面之间的摩擦系数对裂纹扩展的影响考虑在内,分别对预制了张开型和闭合裂纹的高强石膏试件进行单轴加载测试,通过对大量的试验结果进行分析,他们所得到的结论基本同 Reyes 等以及朱维申等所得到的结论一致,遗憾的是未能深入细致地分析裂纹面之间的摩擦系数对裂纹扩展的影响。

之前的试验研究中,研究人员大多采用石膏等材料进行裂纹扩展试验,未能考虑到模型材料的相似条件。Wong 和 Chau 等学者基于 Reyes、Shen 等学者的研究成果,通过配置与页岩和砂岩力学性能相似的类岩石材料,重新对含不同倾斜角度的模型试件进行了大量的加载试验。通过对大量的试验结果进行分析,将裂纹的贯通模式划分为三种模式(剪切模式、拉伸模式以及拉剪混合模式),并依据岩桥角度、裂纹角度以及裂纹面之间的摩擦系数将裂纹的搭接贯通模式进一步分类。基于大量的两条预制裂纹的试验,Wong 和 Chau 增加预制裂纹的数量来研究裂纹数量的增加对裂纹搭接问题,经过大量的试验,所得到的结果基本满足他们所建立的裂纹贯通模式划分规则。在试验研究的基础上,Wong 还对比了预制三条裂纹试件的破坏形态与预制两条裂纹试件的破坏形态,建立了裂纹发生贯通的两条准则。同时,他们在试验过程中发现,预制裂纹的密度对试件的强度产生影响,在一定范围内两者成线性关系,但是这一影响存在一个上限,即当裂纹密度大于某一临界值时,两者的关系将转变为非线性。与此同时,Bobet 和 Einstein 通过对预制张开型以及闭合裂纹的试件进行单轴、双轴加载试验,他们在试验过程中发现预制裂纹的贯通模式除了与裂纹的几何布置有关,还与加载的应力条件相关。

1.3 主要研究内容

目前对岩石裂纹扩展破坏的研究较多,但是针对更接近于实际岩石裂纹系统的不等长裂纹组合的扩展研究较少。针对这一现状,本书的主要研究内容如下:

(1)介绍裂纹的分类及其依据,并通过脆性类岩石材料的物理试验结合数值模拟试验的方法,对含不等长双裂纹的试件进行加载测试,研究在裂纹面角度、岩桥长度以及次裂纹长度变化的情况下,两裂纹的起裂、扩展、搭接规律。

(2)在物理试验过程中,采用先进的高速摄像机系统对裂纹的起裂、扩展以及搭接贯通进行动态全过程捕捉,以确定主、次裂纹系统中裂纹失稳的起始关键点。

(3)结合试验过程中试件在各个受力阶段的图片,采用数字散斑相关方法(DSCM)对试件表面各个受力状态下的位移矢量场以及应变场进行分析。

(4)数值模拟试验采用真实破坏过程分析方法,运用 RFPA 软件系统对含不等长多裂纹模型进行数值模拟研究,并将同类岩石材料的试验结果进行对比分析。

(5)结合现有的理论研究成果,求解出了Ⅰ-Ⅱ复合型不等长双裂纹在受拉状态下失稳起裂时的强度表达式,并将理论求解出的结果同数值模拟试验结果进行对比验证。

2 裂纹分类及试验系统介绍

岩石当中的裂隙分两种:一种是通常意义上的裂缝,具有走向不规则的特点;另一种与之相反,具有非常显著的倾向性,这一类裂隙叫作节理。岩石当中节理的形成原因是地壳当中的岩体被裂隙破坏,从而形成一些可以与周边岩块产生相对错动的块体,所谓节理就是这些岩石块体之间的裂隙。节理的方向比较多样,可能存在两组或两组以上的倾向。节理也具有多种形状的特点,最为常见的是存在于花岗岩中的立方节理,遍布于岩体之中。根据节理对岩体强度的影响大小以及节理自身的尺度规模等,一般把节理划分为贯通节理、断续节理、隐闭节理和遍布节理。如果岩体中某组节理间断发育,或者说与其岩体相互交叉时并没有将岩体完全分隔开,通常把具有这种特性的节理面定义为断续节理面。岩体当中的节理面会对岩体的强度和变形等产生影响,当岩体的强度和变形以及最终的破坏形态均受岩体中所含断续节理组控制时,研究人员通常从工程角度将包含这样节理组的岩体定义为断续节理岩体。本书在后面的关于类岩石材料中不等长裂纹缺陷的研究的背景实质就是这种断续节理。

2.1 裂纹缺陷的概念

2.1.1 裂纹缺陷的分类

岩石、玻璃以及其他脆性材料中所包含的裂纹形态是多种多样的,通常根据裂纹的受力和破坏方式、裂纹在构件中的位置以及裂纹的形状将裂纹进行分类。

2.1.1.1 按受力和破坏方式分类

在实际岩石、玻璃或其他材料中的裂纹,由于外部作用力对裂纹产生变形趋势的影响不同,研究中把裂纹划分成三种基本形态,即Ⅰ型(张开型)裂纹、Ⅱ型(滑开型)裂纹和Ⅲ型(撕开型)裂纹,如图2-1所示。

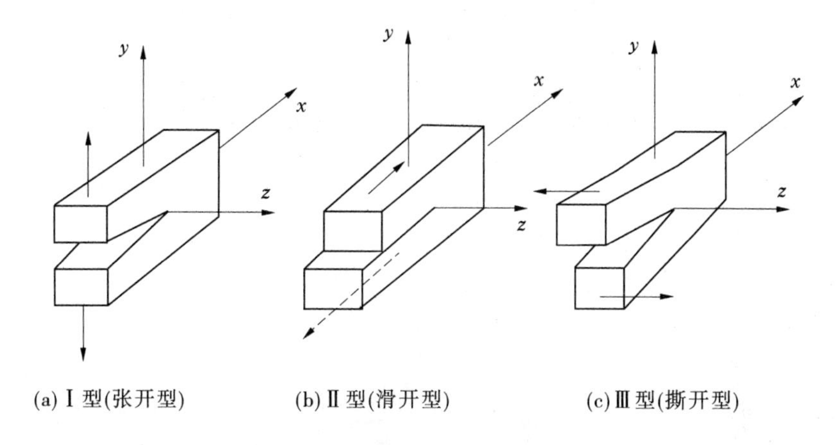

(a) Ⅰ型(张开型)　　(b) Ⅱ型(滑开型)　　(c) Ⅲ型(撕开型)

图 2-1　裂纹的力学特征分类

Ⅰ型(张开型)裂纹如图 2-1(a)所示,裂纹承受垂直于裂纹面的拉应力的作用,使裂纹面产生相互张开的位移趋势。在工程中,Ⅰ型裂纹最为常见也最重要,因此对Ⅰ型裂纹的研究也最为充分。其中Ⅰ型裂纹尖端应力场为:

$$\left.\begin{aligned}\sigma_x &= \frac{K_{\mathrm{I}}}{\sqrt{2\pi r}}\cos\frac{\theta}{2}\left(1-\sin\frac{\theta}{2}\sin\frac{3\theta}{2}\right)\\ \sigma_y &= \frac{K_{\mathrm{I}}}{\sqrt{2\pi r}}\cos\frac{\theta}{2}\left(1+\sin\frac{\theta}{2}\sin\frac{3\theta}{2}\right)\\ \tau_{xy} &= \frac{K_{\mathrm{I}}}{\sqrt{2\pi r}}\sin\frac{\theta}{2}\cos\frac{\theta}{2}\sin\frac{3\theta}{2}\end{aligned}\right\}\tag{2-1}$$

上式中 K_{I} 为Ⅰ型(张开型)裂纹的应力强度因子,且 $K_{\mathrm{I}}=\sigma\sqrt{\pi a}$。

Ⅱ型(滑开型)裂纹如图 2-1(b)所示,也称为面内剪切型裂纹,裂纹受平行于裂纹面并且垂直于裂纹前缘的剪应力的作用,使得裂纹在平面内产生相对的滑移趋势。Ⅱ型(滑开型)裂纹在地质学中具有特殊的重要意义。其中Ⅱ型裂纹尖端应力场为:

$$\left.\begin{aligned}\sigma_x &= \frac{K_{\mathrm{II}}}{\sqrt{2\pi r}}\sin\frac{\theta}{2}\left(-2-\cos\frac{\theta}{2}\cos\frac{3\theta}{2}\right)\\ \sigma_y &= \frac{K_{\mathrm{II}}}{\sqrt{2\pi r}}\sin\frac{\theta}{2}\cos\frac{\theta}{2}\cos\frac{3\theta}{2}\\ \tau_{xy} &= \frac{K_{\mathrm{II}}}{\sqrt{2\pi r}}\cos\frac{\theta}{2}\left(1-\sin\frac{\theta}{2}\sin\frac{3\theta}{2}\right)\end{aligned}\right\}\tag{2-2}$$

上式中 K_{II} 为Ⅱ型(滑开型)裂纹的应力强度因子,且 $K_{\mathrm{II}}=\tau\sqrt{\pi a}$。

Ⅲ型(撕开型)裂纹如图 2-1(c)所示,定义为面外剪切型或者反平面裂纹,裂纹受平行于裂纹面并且平行于裂纹前缘的剪应力的作用,使得裂纹产生相对的错动。其中Ⅲ型裂纹尖端应力场为:

$$\left.\begin{aligned}\tau_{zx} &= -\frac{K_{\mathrm{III}}}{\sqrt{2\pi r}}\sin\frac{\theta}{2}\\ \tau_{yz} &= \frac{K_{\mathrm{III}}}{\sqrt{2\pi r}}\cos\frac{\theta}{2}\\ \omega &= \frac{2K_{\mathrm{III}}}{G}\sqrt{\frac{r}{2\pi}}\sin\frac{\theta}{2}\end{aligned}\right\}\tag{2-3}$$

上式中 K_{III} 为Ⅲ型(撕开型)裂纹的应力强度因子,且 K_{III} 型裂纹撕开失稳扩展的临界条件为 $K_{\mathrm{III}}=K_{\mathrm{II}c}$。

通过上述的公式可以看出,裂纹尖端附近的应力与 $r^{-1/2}$ 成正比,在裂纹尖端处(r,0),从公式中可以看出应力趋向于无限大,即在裂纹尖端处应力出现奇点,应力场具有 $r^{-1/2}$ 奇异性。这也就意味着只要构件中存在着裂纹,不论外荷载多么微小,裂纹尖端应力总是无穷大,按照传统力学的观点来看,构件就应当发生破坏,显然这与实际情况不符。这也就意味着不能再用传统的应力大小来判断裂纹是否扩展、破坏是否发生。因此,引入了应力强度因子 K 的概念,用裂纹尖端应力强度因子来反映裂纹尖端临域的应力场强度,同时引入材料的断裂韧性(或断裂韧度)$K_{\mathrm{I}c}$ 这一概念,断裂韧度是材料的常数。类似于材料力学中的工作应力 σ 与材料的极限应力 σ_t 的关系,当应力强度因子 K_{I}(或 K_{II}、K_{III})达到材料自身的断裂韧度 $K_{\mathrm{I}c}$(或 $K_{\mathrm{II}c}$、$K_{\mathrm{III}c}$)时,裂纹就会扩展破坏。

如果裂纹与应力方向成一角度或同时受正应力和剪应力的作用,就会同时存在Ⅰ型和Ⅱ型裂纹,或者Ⅰ型和Ⅲ型裂纹,这种裂纹称为复合型裂纹。实际工程中所遇到的裂纹基本上都是两种或两种以上基本型的组合,也就是复合型裂纹。产生材料低应力断裂的主要原因是Ⅰ型裂纹,张开型裂纹也是最为危险的状况,是多年来试验和理论研究的主体。而在实际的工程中,由于大多数的裂纹都是和受荷方向有一定的倾角,也就是同时存在Ⅰ型和Ⅱ型应力强度因子,Ⅰ型和Ⅱ型裂纹的断裂问题一般也归类为平面问题的含裂纹线弹性体的线弹性力学分析,本书的试验和理论研究也是针对这一情况展开的。

2.1.1.2　按裂纹缺陷的几何特征分类

按裂纹缺陷在岩石当中所处的位置以及是否穿透岩石等可以将裂纹分为

穿透型裂纹缺陷、表面型裂纹缺陷以及深埋型裂纹缺陷,如图 2-2 所示。

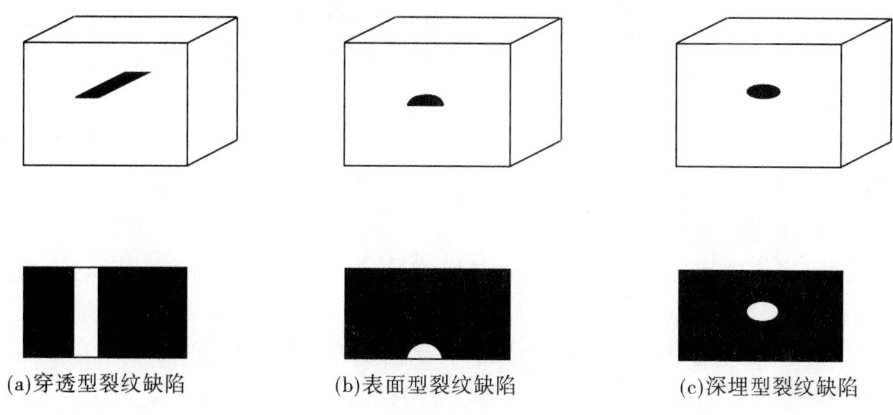

(a)穿透型裂纹缺陷 (b)表面型裂纹缺陷 (c)深埋型裂纹缺陷

图 2-2 三种按几何特征分类裂纹

穿透型裂纹缺陷如图 2-2(a)所示,这类裂纹贯穿了整个构件。通常情况下,也把裂纹发育延伸至构件有效厚度一半以上的都视为穿透型裂纹,因为此时裂纹对构件的强度、变形等影响同完全穿透的裂纹相差已经不大,并且将这种裂纹简化为理想的尖裂纹来进行分析,即假定裂纹尖端的曲率半径无限趋近于零,这样简化是偏于安全的。穿透型裂纹的几何形状可以是直线形、曲线形或者其他无规则的形状。本书试验研究所针对的就是这一类裂纹。

表面型裂纹缺陷如图 2-2(b)所示,裂纹处于构件的表面,或者说裂纹的宽度相对于构件的厚度比较小(通常是小于构件厚度的一半),就可以将这类裂纹作为表面型裂纹来处理。通常情况下将表面型裂纹简化为半椭圆形裂纹。

深埋型裂纹缺陷如图 2-2(c)所示,裂纹位于构件的内部,一般将这类裂纹简化为椭圆片状或者钱币状裂纹。

2.1.1.3 按裂纹的形状分类

根据裂纹的真实形状,一般在力学模型中把裂纹简化为圆形、椭圆形、表面半圆形、表面半椭圆形以及贯穿直裂纹等多种几何样式。

2.1.2 裂纹与岩体断裂

岩体内裂纹扩展发育和贯通破裂过程与实际工程当中绝大多数的岩体断层的产生以及发育过程有关,在研究中,为简化起见,与裂纹有关的解释和理论假定在论述时一般都采用二维模型来表示,并且目前的研究大多将裂纹简化为长度相等的两条或多条裂纹。这样简化虽然减轻了研究的工作量,但是和实际工程中岩体裂纹的破裂情况还存在着不少差异。

岩体中的原生裂纹具有确定性和随机性共存的特征,其中一部分裂纹具有确定的倾向、倾角和间距组数特征,而另一部分具有随机的特征。也就是说,岩体中的裂纹是一个兼具确定性和随机性的裂纹系统。但是对岩体稳定性以及变形破坏等起主导作用的往往是那些具有一定尺度和规模的裂纹,称之为主控裂隙。主控裂隙的演化和稳定对岩体的强度、变形、裂纹的扩展和搭接以及岩体的稳定性起着决定性的作用。

同时岩体中主控裂隙和其他周围裂隙是一个相互作用和相互影响的系统,根据系统论的观点,所有系统都可以分为有限个子系统。系统的最终表象通常不是各个子系统行为的一般叠加,而是由所有子系统相互作用、相互协调影响下对总系统贡献的结果。虽然主控裂隙对岩体的稳定起主要作用,而那些相对弱小的裂隙也会在岩体的破坏过程中起作用,使得裂隙扩展的演化方式以及相互协同作用的模式产生变化。

上述问题在岩石断裂力学的研究当中还极少涉及,因此在今后的研究当中应当更多关注这类问题。

2.2 试验设计介绍

2.2.1 类岩石材料配置

类岩石材料所模拟的岩石裂隙扩展试验成功与否,关键在于类岩石材料与真实岩石直接的相似度。但是岩石是一种较为复杂的非均质、非连续的并且具有各向异性的脆性材料,并且岩石力学性能的变化范围也非常广泛,既存在着强度和弹性模量非常高的硬岩(如花岗岩),又存在着力学性能非常低的软岩。为了模拟岩石这种非均质的脆性材料,大多数研究者采用石膏、水泥砂浆等与其他掺和料按照一定的比例进行配置来模拟岩石的特性。要使得这些材料能够很好地模拟岩石材料,应该具备以下一些特性:

(1)类岩石材料的主要力学性质应该与岩石的物理、力学性能相似,要具备岩石的脆性特性以及岩石在单轴压缩作用下的剪胀特性。

(2)类岩石材料要具备较好的和易性,便于拌制和修补。

(3)类岩石材料的物理、力学、化学、热学等一系列性能要相对稳定,尽量不受温度、湿度、时间等试验条件外的环境影响。

(4)可以通过改变类岩石材料的配比,使得材料的力学性能发生变化,以应对不同的试验条件要求。

(5)类岩石材料的来源要广泛,容易制作并且成本低廉。

(6)材料对人体不能有毒害作用。

而石膏和水泥砂浆经过一定配置后,基本具备了岩石的特性,因此在以往的试验研究中被广泛采用。中国科学院武汉岩土力学研究所的陈从新针对岩层边坡在反倾斜状态下的失稳破坏机制相似模型研究,采用石膏、水泥和石英砂来模拟石灰岩,研究了类岩石材料中胶结材料与骨料的配比、胶结材料的配比变化及改变养护条件对试件强度的影响规律。书中相似材料采用石膏作为胶凝材料,但石膏作为水溶性材料,其力学性能会随着温度和湿度的改变而发生变化,且干燥缓慢。石膏的弹性模量较小,可调节范围也有限,并且石膏的极限抗压强度与抗拉强度的比值不大,这与岩石的特性有一定差别,因而它的应用效果受到了一定的影响。

意大利等欧洲国家研究这类问题时采用的地质力学模型相似材料主要有两类:一类是采用石膏和铅氧化物(PbO 或 Pb_3O_4)的混合物为胶凝材料,以砂子或小石子作为骨料;另一类相似材料主要以重晶石粉、甘油和环氧树脂为主料,这一类相似材料的优点是其破坏强度和弹性模量均比第一类模型材料要高,更接近于真实的岩石。但是这一类相似材料的制作工艺是需要高温烧制来使其固化成型,材料在高温烧制过程中会散发对人体有害的气体,不利于推广采用。

山东大学的李术才、郭彦双、周奎等利用聚酯树脂和改性环氧树脂等透明材料来研制可模拟岩石的相似性材料,这一类材料透明程度较好,并且可以预制三维裂纹,试验过程中可以很好地观测到裂纹在外荷载作用下如何萌生、扩展、扭曲和搭接。但是这一类材料的脆性程度不高,在加载作用下预制裂纹的尖端在应力集中的情况下会产生较大的塑性变形,在后续加载过程中整个试件也会产生塑性流动,因此并不能很好地模拟岩石在裂纹影响下的破坏特性。李延春采用烧结陶瓷作为相似性材料,通过检验得到该种材料的物理力学性能同岩石的力学性能比较接近,并在陶瓷烧制前预制了三维钱币状裂纹,较好地模拟了岩石中裂隙的扩展规律,为研究类岩石材料裂纹扩展试验提供了一种新的方向。但是这种材料制备较为复杂,需要高温烧制,制作不易,成本比较高。

作者通过反复试验配比,试验了多种胶凝材料(水泥、石膏和有机玻璃)和配合比,最终确定了以 425 号硅酸盐水泥为胶凝材料,使用粒径 2 mm 左右的普通河砂(经筛网过筛)作为骨料,拌制时采用洁净的自来水,配置过程中掺和高效减水剂、早强剂等外加剂来调整相似性材料的和易性以及力学性能。经过多次改变配合比进行测试,最终使得所拌制的相似材料力学性能基本接近砂岩的力学性能,确定本试验的配合比为水泥:河砂:水:=1:2.34:0.4,再根据拌制时的温度掺入占配料总质量5%左右的外加剂(高效减水剂、早强剂等)。

2.2.2　EHF-E6200KN 型全数字液压伺服试验系统

2.2.2.1　系统概况

本书中试件单轴压缩试验都是在中国矿业大学(北京)煤炭资源与安全开采国家重点实验室的 EHF-E6200KN 型全数字液压伺服试验系统上进行的。EHF-E6200KN 型全数字液压伺服试验系统使用多通道并行采样和含 DSP 的 32 倍高速处理器,系统控制和数据采样具有高速、高精度和稳定性强的特点。该试验系统主要由主控计算机、全数字控制器、手动 TD-2 控制器、液压控制器、液压泵等各种功能配套系统组成,如图 2-3 所示。EHF-E6200KN 型全数字液压伺服试验系统的主要技术参数值如表 2-1 所示。

图 2-3　EHF-E6200 KN 型全数字液压伺服试验系统

伺服控制原理:液压泵将高压油从液压油箱压出,通过过滤器导入伺服阀,伺服阀根据所需的油量将高压油输入作动器的油室内对试件施加作用力。根据自变量参数的选择,高压油经过在荷载控制时的压力传感器或是位移控制状态下的位移传感器时,传感器会将此时的液压信号在模式选择器中放大,同时将系统反馈值输出。系统输出的反馈信号进入比较器并同预先设定好的信号进行比较,如果两者存在差异,则通过零位调节器进行归零,此时输出的数值即是控制变量时的反馈值。反馈值经过系统放大后通过记录器记录下来。与此同时,反馈信号进入伺服控制器,伺服阀接收控制信号,根据系统反馈出的反馈值大小,输出作动器液压油,这就是伺服控制器的闭环回路控制原理(见图 2-4)。

表 2-1 EHF-E6200KN 型全数字液压伺服试验系统主要技术指标

型号:EHF-E6200KN			
最大垂直净荷载	±300 kN	温度范围	-35~1 000 ℃
最大垂直动荷载	±200 kN	荷载精度	显示值的±0.5%以内
最大行程	±50 mm	加荷频率	0.000 01~100 Hz
适用范围	拉伸、压缩和弯曲的静态和疲劳试验;应变控制的低周疲劳试验;裂纹扩展试验;断裂韧性试验;蠕变试验;松弛试验;蠕变、疲劳交互作用试验;高温、低温、腐蚀条件下的疲劳试验		

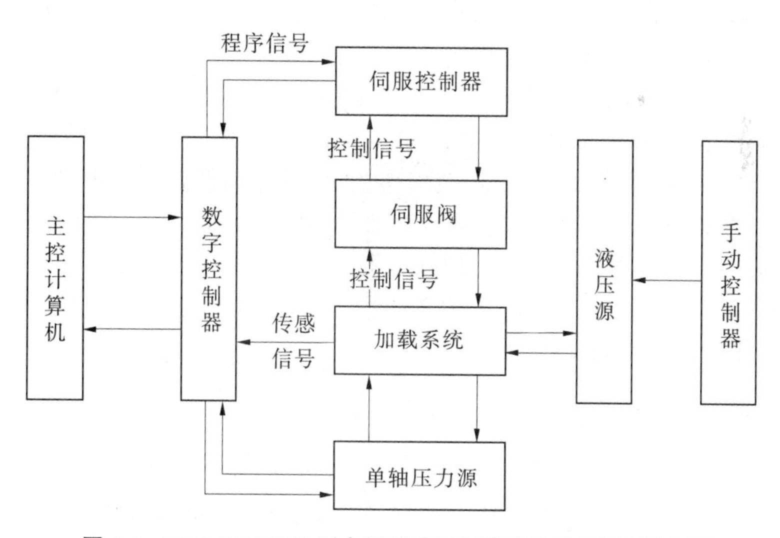

图 2-4 EHF-E6200KN 型全数字液压伺服实验系统伺服控制原理

2.2.2.2 系统的加载控制变量

EHF-E6200KN 型全数字液压伺服试验系统具备的一大优点就是可以根据试验的不同需求来控制试验过程,从而得到合理的试验结果。在试验中控制好试验过程的重点在于如何选择系统加载控制变量。EHF-E6200KN 系统可供选择的变量有两个:

(1)轴向荷载控制变量。

(2)轴向位移控制变量。

在试验中,应针对不同的岩石类型以及不同的试验类型来确定系统的控制变量。例如,根据岩石强度的不同需要有针对性地选择不同的荷载传感器,这样可以控制试验数据的精度以及试验曲线的平滑性。一般当试验的岩石强度较高(如花岗岩等)时选择大力传感器,相应地,当试验的试件为软岩(如煤岩等)时需要选用小力传感器。当选择轴向荷载作为控制变量时是无法获得岩石压缩过程全应力应变曲线的,这是因为当加载量超过岩石极限承载力后,岩石的变形会继续增加,但是荷载却无法继续上升,从而造成机具中储存的应变能释放导致试件破裂,所以无法得到岩石试件应力峰值后的应力应变曲线,因此要获得岩石试件完整的全应力应变曲线只有采用应变控制试验过程。当进行岩石试件的流变试验时,试验过程只能把控制变量设定为轴向荷载控制,这是因为岩石流变试验的目的是观测岩石在恒定荷载作用下其变形随时间的变化。此外,在试验过程中还可以通过调整多种试验参数(如极限值、波形、速率、频率、控制方式等),来应对各类型特殊试验和理论研究的需求。

试验过程中,采用轴向位移控制来作为控制变量,为了确定正式的试验加载速率,在试验开始之前,使用三组试块进行试加载,分别测试了 0.002 mm/s、0.005 mm/s 和 0.01 mm/s 三种加载速率。通过对测试结果的观察和分析,发现在 0.01 mm/s 加载速率下,试件应力增长过快,破坏形态不稳定且破坏具有突发性,难以把握裂纹的起裂扩展时机来采集图片信息。而在 0.002 mm/s 加载速率下情况则刚好相反,存在加载时间过长,高速摄像系统无法完全存储过长的试验时间等缺点。因此,最终在经过三组试块的测试后最终确定正式的加载速率为 0.005 mm/s。

2.2.3　FASTCAM SA1.1 高速数字式摄像机系统

本试验研究的重点之一就是利用图像采集技术捕捉岩石等脆性材料在外荷载作用下裂纹的起裂、扩展以及搭接等一系列动态过程,并通过不同裂纹参数的改变来观察裂纹起裂点以及扩展搭接模式的变化。然而岩石裂纹的扩展速度非常快,大理石在加载至失稳后裂纹的扩展速度可以达到 50~1 200 m/s。很显然,面对如此高的裂纹扩展速度使用普通的摄影机进行图像信息采集是无法达到试验要求的。因此,在试验过程中采用了美国 Photron 公司生产的 FASTCAM SA1.1 高速数字式摄像机系统对试件加载的全过程进行图像信息采集,同时运用该系统配套的软件进行分析和计算,该高速摄像系统的基本装置以及配套设施如图 2-5 所示。

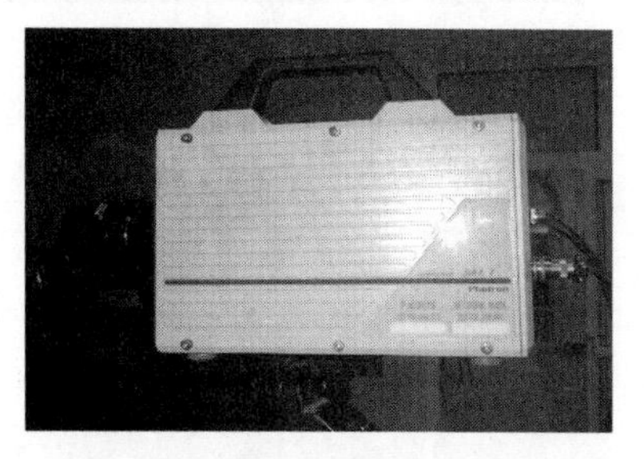

(a) 高速摄像机主机

(b) 高速摄像机与信息采集主控计算机

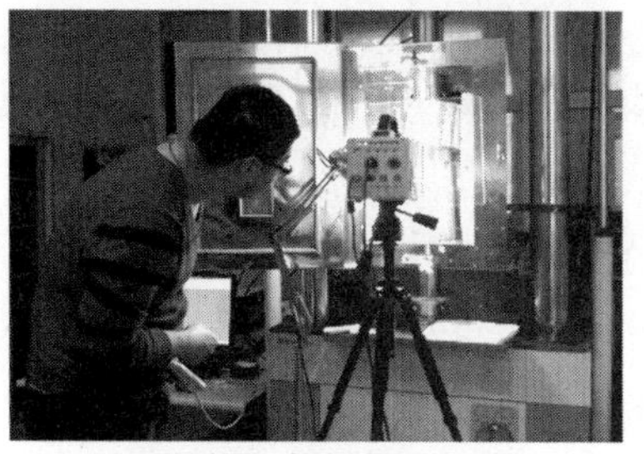

(c) 无频闪高亮度补光灯

(d) 亚克力防护板

图 2-5 FASTCAM SA1.1 高速数字式摄像机系统

美国 Photron 公司生产的 FASTCAM SA1.1 高速数字式摄像机是全世界百万像素级别最快帧频的高速相机之一。FASTCAM SA1.1 高速数字式摄像机运用美国 Photron 公司先进的 CMOS 传感器技术,使得该型相机具备高速、高分辨率、高清晰度等优点,同时可以达到同类产品中顶级的高感光度。相机配置有用户可自由设定拍摄速度和分辨率组合的可变帧率、分辨率功能,可根据试验需要在登录相机配套软件时进行设置。相机在最高设置 1 024×1 024 的分辨率下能够达到 5 400 fps 的最高拍摄速度;在降低分辨率为 512×512 的情况下,拍摄速度可以达到 20 000 fps,最高拍摄速度为 675 000 fps。

由于高速拍摄状态下会产生大量的数据需要与计算机进行传输,该型相机以吉比特以太网作为同计算机连接的接口,拍摄后可迅速传输数据。拍摄过程中增设了高亮度补光灯,以弥补在高速拍摄中相机曝光不足的缺陷,如图 2-5(c)所示,同时为了防止破碎的试块碎屑飞溅损伤到相机镜头,又定制了高透光度的亚克力防护板以保护相机镜头。FASTCAM SA1.1 高速数字式摄像机的技术参数如表 2-2 所示。此外,相机一体式的加固结构设计可以抵抗较大的冲击,以适应各种恶劣的测试环境。

表 2-2　FASTCAM SA1.1 高速数字式摄像机的技术参数

型号:FASTCAM SA1.1			
方式	C-MOS 图像传感器	触发信号	TTL,接点
快门方式	电子快门	数字接口	吉比特以太网
录制方式	IC 存储器方式	工作环境温度	0~40 ℃
触发方式	随机手动、结束等	外部控制	数字接口(PC)

由于在试验结果分析时需要采用数字散斑相关方法进行试样表面位移场的分析,需要高分辨率的散斑图像,在满足捕捉裂纹动态扩展的拍摄速度的基本前提下,尽量降低拍摄速度,以提高散斑图像质量。试验过程中设定影像帧频率为 5 400 fps,试件所施加的荷载每增加 50 kN 就随机手动触发拍摄一组照片,拍摄触发时间点 1 s 前的图像,图片像素为 1 024×1 024。试验过程中,采用飞利浦公司生产的高亮度无频闪补光灯补充亮度,并控制试样表面法线与摄像机光轴平行,以尽量减小试验误差。

2.2.4　试件模具及试件制作

本书的研究目标主要集中在二维不等长双裂纹在外荷载作用下的相互影响,试验的模型尺寸设定为 110 mm×110 mm×30 mm,模具的材质采用铝合金,保证了模型表面的整洁,定制的模具如图 2-6 所示。

图 2-6　试验模具

完整试件的制作类似于普通砂浆试块,首先将按照配比称重的各类材料(425 号硅酸盐水泥、河砂、外加剂和水)依次放入全自动砂浆搅拌机进行拌和,每批次的拌和时间都设定一致,保证批次材料之间的拌和条件相同,减小批次误差。然后在模具内表面涂刷一层隔离剂,将模具放置在磁吸式振动台(如图 2-7 所示)上并设定好振动时间,一边振动一边浇筑试件。

图 2-7 HCZT-1 型混凝土程控磁吸式振动台

对于含预制裂纹的试件制作,裂纹的预制是关键。选用的裂纹片是不锈钢薄片,厚度为 0.3 mm,宽度分别为 4 mm、6 mm、8 mm、12 mm 和 24 mm 五种规格,不锈钢裂纹片的优点之一就是材料自身具有较大的刚度,在浇筑时不宜受砂浆挤压变形,如图 2-8 所示。裂纹片在定位之前需要涂刷润滑油,防止在拔出裂纹片时出现困难,损坏试件。裂纹片在浇筑时首先根据设定好的几何参数定位,通过外部夹具固定好之后再开始浇筑试件,浇筑的同时开启磁吸式振动台进行振捣,每批次的振捣时间统一设定为 3 min,保证批次间的振捣条件相同。浇筑完成之后,试件放入恒温恒湿养护室中养护 12 h 之后拔出裂纹片,再养护 24 h 之后进行脱模,脱模之后在恒温养护室(见图 2-9)标准养护条件(温度 20℃±2℃、相对湿度 95%以上)中再养护 28 d,以使试件的强度趋于稳定。养护 12 h 之后的试件如图 2-10 所示。

2.2.5 裂纹几何参数布置及试验测试过程

2.2.5.1 裂纹几何参数布置

如前所述,设定的试件尺寸为 110 mm×110 mm×30 mm,预设两条长度不

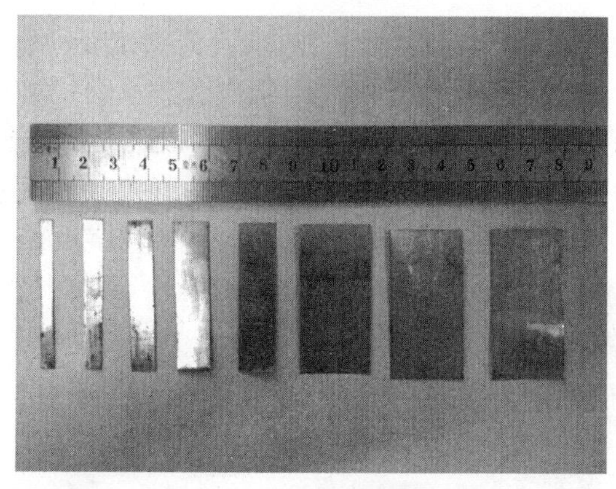

图 2-8 不锈钢裂纹片

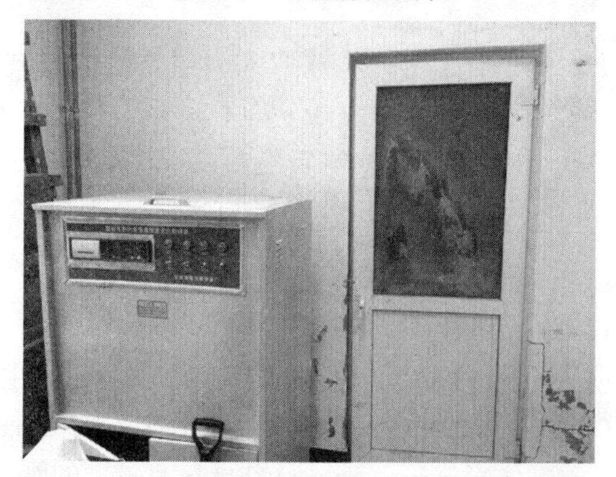

图 2-9 HWB-6 型标准养护室恒温恒湿全自动设备

(a) 拔裂纹片之前

(b) 拔出裂纹片之后

图 2-10 硬化后的带裂纹试件

等的共面裂纹,通过改变裂纹倾角和裂纹内尖端距离以及小裂纹的长度来研究裂纹破坏形态改变,含预制裂纹的模型如图 2-11 所示。

从图 2-11 中可以看出，试件中预设了长度不同的两条共面裂纹，较长裂纹的长度为 $2a$，本试验中长裂纹的长度均为 24 mm。短裂纹的长度为 $2c$，在本试验中分别有 4 mm、6 mm、8 mm、12 mm 四种长度规格。两裂纹内尖端的间距用 $2b$ 来表示，简称为岩桥长度。α 为裂纹面同加载方向的夹角，试验中共设置了五种裂纹面夹角，β 为裂纹面同水平面的夹角。具体的试验参数工况分成两组，第一组主要研究在大小裂纹长度固定的条件下，仅改变岩桥长度（裂纹内尖端间距）和裂纹面与加载方向的夹角；第二组固定大裂纹长度和岩桥长度，改变小裂纹的长度和裂纹面与加载方向的夹角，具体的试验工况如表 2-3 所示。

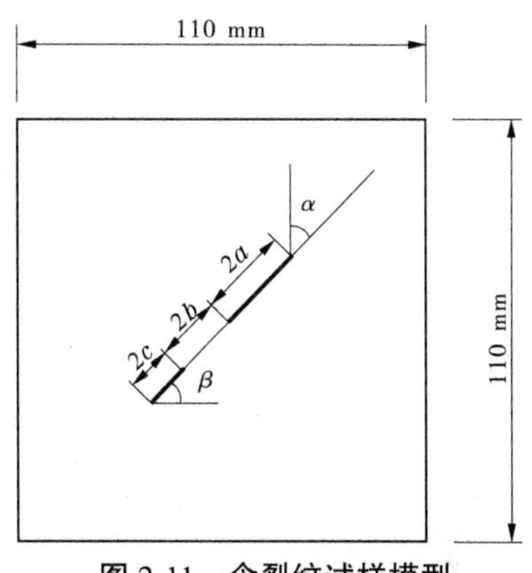

图 2-11　含裂纹试样模型

表 2-3　试验工况

工况组 1：$a=12$ mm，$c=6$ mm			工况组 2：$a=12$ mm，$b=9$ mm		
工况	岩桥长度 $2b$	裂纹面夹角 α	工况	小裂纹长度 $2c$	裂纹面夹角 α
工况 1	$b=6$ mm	$\alpha=0°$	工况 16	$c=2$ mm	$\alpha=0°$
工况 2	$b=6$ mm	$\alpha=30°$	工况 17	$c=2$ mm	$\alpha=30°$
工况 3	$b=6$ mm	$\alpha=45°$	工况 18	$c=2$ mm	$\alpha=45°$
工况 4	$b=6$ mm	$\alpha=60°$	工况 19	$c=2$ mm	$\alpha=60°$
工况 5	$b=6$ mm	$\alpha=90°$	工况 20	$c=2$ mm	$\alpha=90°$
工况 6	$b=9$ mm	$\alpha=0°$	工况 21	$c=3$ mm	$\alpha=0°$
工况 7	$b=9$ mm	$\alpha=30°$	工况 22	$c=3$ mm	$\alpha=30°$
工况 8	$b=9$ mm	$\alpha=45°$	工况 23	$c=3$ mm	$\alpha=45°$
工况 9	$b=9$ mm	$\alpha=60°$	工况 24	$c=3$ mm	$\alpha=60°$
工况 10	$b=9$ mm	$\alpha=90°$	工况 25	$c=3$ mm	$\alpha=90°$
工况 11	$b=12$ mm	$\alpha=0°$	工况 26	$c=4$ mm	$\alpha=0°$
工况 12	$b=12$ mm	$\alpha=30°$	工况 27	$c=4$ mm	$\alpha=30°$
工况 13	$b=12$ mm	$\alpha=45°$	工况 28	$c=4$ mm	$\alpha=45°$
工况 14	$b=12$ mm	$\alpha=60°$	工况 29	$c=4$ mm	$\alpha=60°$
工况 15	$b=12$ mm	$\alpha=90°$	工况 30	$c=4$ mm	$\alpha=90°$

2.2.5.2　主要试验方法

试件在试验之前,为了保证整个试件在加载过程中能够均匀受力,每个试件都需要进行打磨,以保证试件同试验机接触的加载面平整度。具体做法是先用砂轮机对试件的上下两个接触试验机的表面进行粗打磨,在试件大致平整后再用砂纸进行局部打磨修整,打磨完成后再使用丁字钢尺检验平整度,平整度合格后才能进行试验。

由于在试验结果分析时要采用数字散斑相关方法进行试样表面位移场的分析,在正式试验开始之前试压了几个测试试件并拍摄照片进行试分析,结果发现软件识别精度不高,试件表面某一斑点在不同的两张照片中不能被散斑软件所识别,造成了计算精度不够理想。因此,课题组人员在试验开始前,除了设置高速摄像机的分辨率为 1 024×1 024,还在每个试件表面进行人工制斑,以提高在后期散斑计算时图像信息的识别准确率。具体的制斑方法是,在试件正面横竖两个方向(面对高速相机面)每隔 6 mm 左右用 2B 碳素铅笔划一道直线,在试件表面形成一个网状的图案,如图 2-12 所示,通过对比测试试件的散斑计算结果,发现人工制斑后软件的识别率大幅度提高,计算结果满足了预期的试验目标。

图 2-12　试件表面制斑样式

在试件加载测试之前,首先要在试件的上下加载面均匀涂抹一层爽身粉,以减小试件在轴向加载产生横向膨胀时试件上下端部与加载垫板之间的摩擦力,从而减小加载时的端部效应。在启动设备加载的同时,随机手动触发高速摄像机快门,拍摄第一组高速摄像图片,高速摄像机设定的图片摄取为手动触发前 539 帧,触发后 1 帧,高速摄像机的摄取时间段为手动触发前 1 s 的试件状态。在试件加载过程中,密切关注液压试验机的主控计算机上的荷载读数,当荷载达到 50 kN、100 kN 和 125 kN 时各手动触发一次高速摄像机进行图片信息采集,当荷载超过 125 kN 时试件的应力已经达到 37.9 MPa,此时试件随时有可能伴随着裂纹突然扩展而发生失稳破坏。由于裂纹的起裂和扩展非常快,此时试验人员需注意主控计算机上的试件应力应变曲线,当曲线出现变平的趋势时再触发一次高速摄像机进行拍摄,当继续加载直至听到试件的破裂声时迅速触发高速摄像机进行拍摄来捕捉之前的裂纹扩展。随后的加载中,每当试件的应力应变曲线出现拐点时,再触发一次高速拍摄,直至试件完全破坏,从而捕捉到从开始加载时到试件完全破坏时的各个阶段图像信息,这其中就包括了裂纹的起裂和扩展过程,整个高速摄像共触发 10 次,拍摄 5 400 帧图片,至此完成单个试件的加载全过程。

2.3 本章小结

本章首先根据岩石当中裂隙的走向性规律,把岩石当中的裂纹划分为了两大类,即具有走向不规则特性的普通裂纹和具有非常显著的倾向性且成组出现的节理。而节理又可以根据发育程度不同进行分类划分,从而引出了本书的研究重点——断续节理。

在本章 2.1 节内容当中,对裂纹缺陷的分类进行了介绍。首先依据裂纹的受力和破坏方式不同把裂纹划分为张开型裂纹(Ⅰ型裂纹)、滑开型裂纹(Ⅱ型裂纹)和撕开型裂纹(Ⅲ型裂纹),并对三种裂纹的受力以及对应的三种应力强度因子进行了简要介绍,指出了本书研究的对象为Ⅰ、Ⅱ型复合裂纹。其次介绍了另外两种划分裂纹类型的方法,按裂纹缺陷的几何特征分类以及按裂纹的形状分类。随后叙述了裂纹与岩体断裂的关系,指出本书的研究重点在于研究共面不等长双裂纹在荷载作用下的扩展规律以及大小裂纹直接的相互影响,并确定对岩石稳定起关键作用的主控裂纹。

2.2 节首先叙述了国内外学者配置类岩石材料的方法,在总结众多学者的研究基础之上通过多次配比,确定了本试验的类岩石材料配合比。介绍了主要的试验设备 EHF-E6200KN 型全数字液压伺服试验系统和 FASTCAM SA1.1 高速数字式摄像机系统。最后,介绍了试件的制作、预制裂纹的几何参数布置(试验工况),以及试验的具体试验方法。

3　不等长双裂纹试件的裂纹扩展试验研究

3.1　引　言

岩石、玻璃和混凝土等脆性材料当中的裂纹缺陷在正常的受力状态下一般是处于相对稳定的状态,只有当应力达到某一临界值时才会出现裂纹的萌生、扩展和相互贯通。大量的研究人员为了搞清楚脆性材料在裂纹影响下断裂这一现象的本质,从不同的方面和研究角度对裂纹的起裂、扩展和贯通做了大量的理论和试验研究工作。国外的学者如 Horii 和 Nemat-Nasser, Ashby, Sammis 和 Obata 以及 Reyes 和 Einstein,chen 等在理论和试验方面都做了大量的研究工作,Hoek 和 Bieniawski, Brace 和 Byerlee 研究了预制裂纹的玻璃试样在荷载作用下其裂纹尖端的应力分布情况,Ingraffea 使用 CR39 材料制作试件并在其中预置两条裂纹,研究了两条预制裂纹在自身相互影响下的裂纹扩展情况。国内的学者陈卫忠和王庚荪等在理论方面进行了研究,同时进行了使用相似性材料和以玻璃作为试验材料的试验研究。东北大学的 Wong、Chau、Tang 和 Lin 等采用类砂岩材料和高强石膏进行了一系列裂纹扩展试验研究。在裂纹扩展试验研究当中,采用真实岩石进行预制裂纹贯通的研究是比较少见的,Chen 等在大理岩材料中预置了裂纹缺陷,研究了大理石中预制裂纹的贯通机制。

尽管上述学者对裂纹扩展与贯通破坏进行了大量的理论和试验研究,但也存在着一些不足:理论研究时对力学模型中裂纹受力状态的分析过于简单化,有些研究预先设定了裂纹的扩展方向,有些研究则忽略了Ⅱ型应力强度因子的影响。试验研究方面,有些研究使用相对比较均质的材料(如玻璃、石膏等)来模拟岩石,这样会造成试验结果同真实岩石中裂纹的扩展规律产生不小的差距;在裂纹的设置方面,大多数研究设置都是等长度的双裂纹或多裂纹,而真实岩石当中的裂纹尺度是长短不一的。在试验设备方面,尽管有高速摄像机系统进行图像信息采集,但是由于受早期的高速摄像机性能限制,只能摄录很短时间的图像,并且缺乏摄录前触发这一功能,很难把握裂纹起裂扩展的时机，从而无法拍摄到裂纹起裂、扩展的过程。

在本书的试验研究方面，采用类岩石材料预制两条长度不等的裂纹，通过改变裂纹的间距、同加载方向的夹角以及小裂纹的长度来分析大小裂纹的扩展破坏模式以及小裂纹的尺度对大裂纹的扩展所产生的影响规律。试验过程中，采用新型的高速摄像机系统进行裂纹扩展过程捕捉，这一新型高速摄像机系统具备摄录前触发这一关键功能，从而可以抓拍到触发相机快门之前一秒的图像信息，从而拍摄到脆性类岩石材料中裂纹起裂和扩展的动态过程。在试验后期还对采集到的高分辨率图像进行数字散斑计算，获得了试件表面在加载过程中的动态全场位移矢量图以及应变场云图。

3.2　岩桥长度对裂纹扩展影响试验

3.2.1　试验对象

试件的尺寸以及配合比已经在第 2 章介绍过，外观尺寸为 110 mm×110 mm×30 mm，加载面为 110 mm×30 mm。试件的配合比为水泥∶河砂∶水∶早强剂、减水剂 =1∶2.34∶0.4∶0.05，试验开始前对所配置的类岩石材料进行了力学性能测试，其力学性能接近砂岩，如表 3-1 所示。

表 3-1　类岩石材料的力学参数

材料力学参数	σ_c（MPa）	σ_t（MPa）	E（GPa）	μ	表观密度 ρ（kg/m^3）
实测值	50~55	2.3	15.2	0.15	2 350

为了研究不等长裂纹内尖端间距（岩桥长度）的变化对大小裂纹在荷载作用下的扩展规律影响，固定大裂纹的长度为 24 mm，小裂纹的长度为 12 mm，并且设置了五种裂纹面同加载方向的夹角和三种岩桥长度进行试验，具体的工况如表 3-2 所示。

工况组 1 的试件照片如图 3-1 所示。试验于 2013 年 12 月 31 日在中国矿业大学（北京）煤炭资源与安全开采国家重点实验室进行，加载方式为一次性单轴压缩。试验开始后，液压伺服实验机以 0.005 mm/s 的加载速率进行加载，开始加载的同时，随机手动触发高速摄像机快门，拍摄第一组高速摄像图

表 3-2　工况组 1

工况组 1					
工况	岩桥长度 $2b$	裂纹面夹角 α	工况	岩桥长度 $2b$	裂纹面夹角 α
工况 1	12 mm	$\alpha=0°$	工况 9	18 mm	$\alpha=60°$
工况 2	12 mm	$\alpha=30°$	工况 10	18 mm	$\alpha=90°$
工况 3	12 mm	$\alpha=45°$	工况 11	24 mm	$\alpha=0°$
工况 4	12 mm	$\alpha=60°$	工况 12	24 mm	$\alpha=30°$
工况 5	12 mm	$\alpha=90°$	工况 13	24 mm	$\alpha=45°$
工况 6	18 mm	$\alpha=0°$	工况 14	24 mm	$\alpha=60°$
工况 7	18 mm	$\alpha=30°$	工况 15	24 mm	$\alpha=90°$
工况 8	18 mm	$\alpha=45°$			

图 3-1　工况组 1

片，高速摄像机设定的图片摄取为手动触发前 539 帧，触发后 1 帧，高速摄像的摄取时间段为手动触发前一秒的试件状态。试验过程中，每当荷载达到 50 kN、100 kN 和 125 kN 时各手动触发一次高速摄像机进行图片信息采集，当主控计算机上的试件应力应变曲线出现变平的趋势时，预制裂纹有可能已经发生轻微的扩展，此时再触发一次高速摄像机进行拍摄，当继续加载直至听到试件的破裂声时迅速触发相机进行拍摄来捕捉之前的裂纹扩展。随后的加载中每当试件的应力应变曲线出现拐点时，再触发一次高速拍摄，直至试件完全破坏，从而捕捉到从开始加载时到试件完全破坏时的各个阶段图像信息，这其中就包括了裂纹的起裂和扩展过程，整个高速摄像共触发 10 次，拍摄 5 400 帧图片，至此完成单个试件的加载全过程，破坏后的试件状况如图 3-2 所示。

图 3-2 破坏后的试件

为了能在书中清晰地表现出裂纹从起裂到扩展搭接等一系列过程，所有的试验图片都使用绘图软件进行处理，以标注出裂纹的初始位置以及裂纹起裂、扩展等一系列动态过程，从图 3-3(a)和图 3-3(b)可以看出经过描绘后的裂纹扩展轨迹同原始试验照片的对比。

3.2.2 试验结果

3.2.2.1 裂纹与加载方向成 90°角(工况 5、工况 10、工况 15)

图 3-3 为高速摄像机捕捉到的工况 5 试件在试验过程中有代表性的各个阶段的图片。工况 5：大裂纹为 24 mm，小裂纹为 12 mm，岩桥长度为 12 mm，$\alpha=90°$。

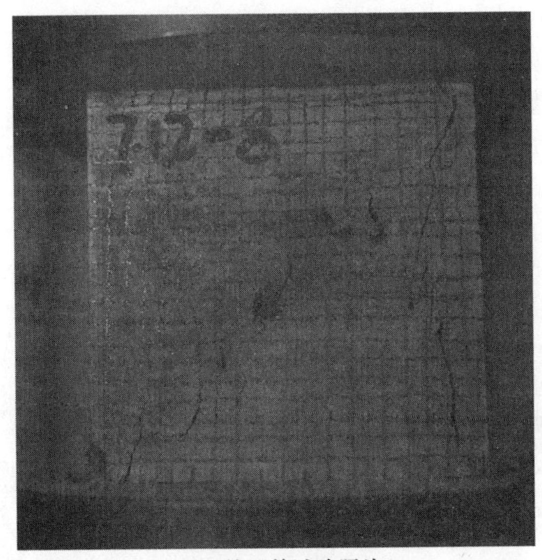

(a) 处理前试验照片

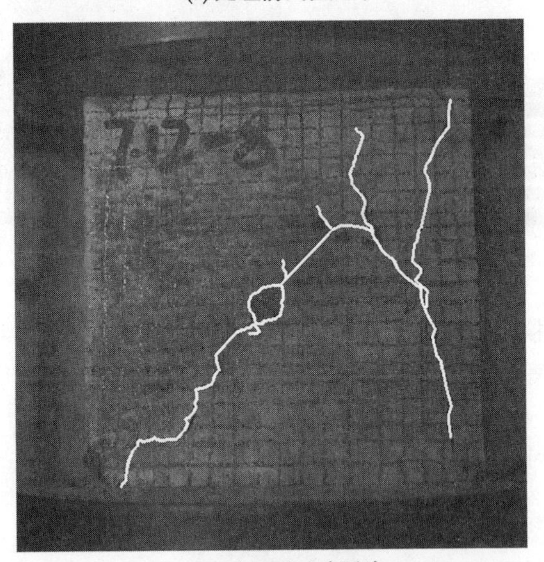

(b) 处理后试验照片

图 3-3　处理前后试验照片对比

图 3-4 中的试验图片是从 5 400 张工况 5 试验过程图片中选取的有代表性的 8 张图片，基本反映了裂纹从萌生到扩展再到最后贯通破坏的实际过程，在每张图片的下面括号内都标明了试样当时受压状态下的外荷载值。首先，

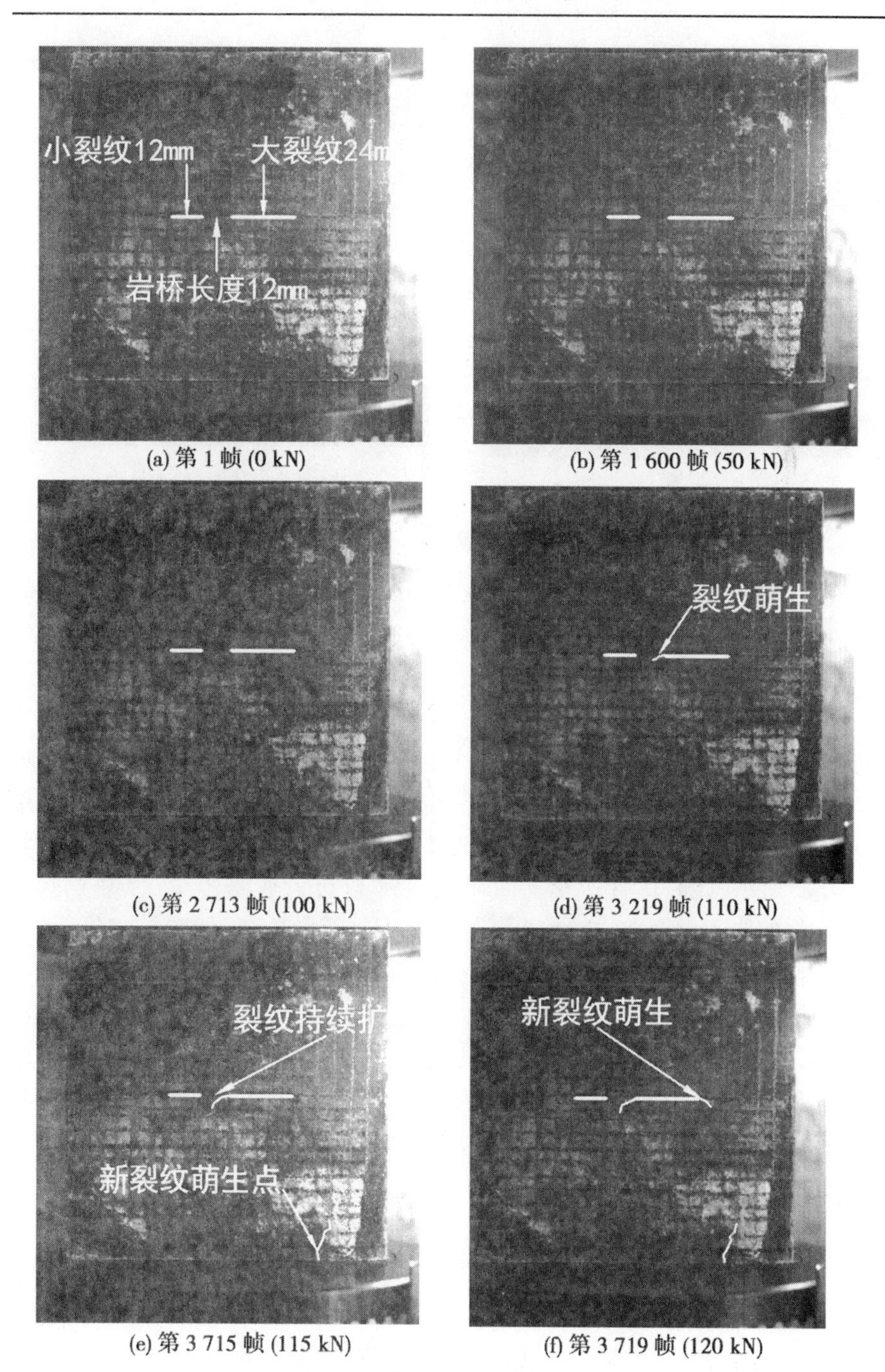

(a) 第 1 帧 (0 kN)　　(b) 第 1 600 帧 (50 kN)

(c) 第 2 713 帧 (100 kN)　　(d) 第 3 219 帧 (110 kN)

(e) 第 3 715 帧 (115 kN)　　(f) 第 3 719 帧 (120 kN)

图 3-4　试件 5 的裂纹扩展过程

(g) 第 3 720 帧 (120 kN)

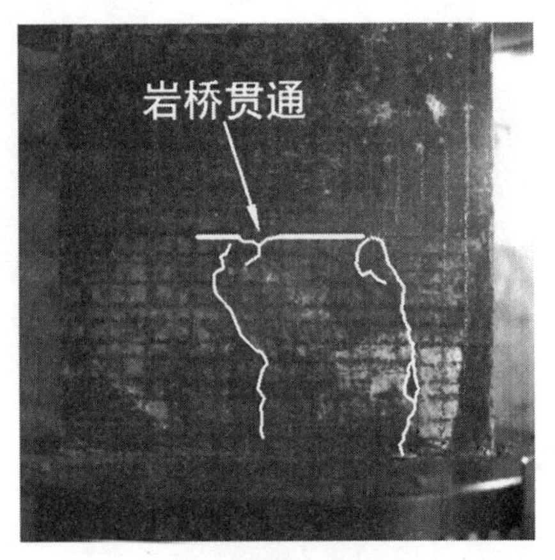

(h) 第 5 400 帧 (25 kN)

续图 3-4

图 3-4(a)拍摄的是试件在加载前的图像,随后启动实验机进行加载,在荷载达到 50 kN 和 100 kN 时分别抓拍两次,即图 3-4(b)和图 3-4(c),此时试件的应力已经达到 30 MPa,但是从试件表面仍然看不出预制裂纹有扩展的迹象。当荷载达到 110 kN、试件应力达到 33 MPa 时,高速相机捕捉到预制大裂纹内尖端萌生了新的裂纹,新萌生裂纹同原预制裂纹大致成 20°夹角,偏向加载方向(试验机为从试件下部向上加压)。随着荷载持续增大,预制大裂纹内尖端新萌生的裂纹也持续扩展,同时在试件下端部靠右部分萌生了新的裂纹,如图 3-4(e)所示,此时试件所承受的荷载达到了 115 kN,应力则达到了 34. 8 MPa,试件的应力应变曲线增长也开始出现变平缓的趋势,如图 3-5 所示。当荷载达到 122 kN 时试件突然发生破坏(伴随着爆裂声),此时的应力应变曲线也达到了峰值(如图 3-7 所示),试件的破坏强度为 37. 1 MPa,预制大裂纹的外尖端此时也产生了新的裂纹,新裂纹与原有裂纹同样成 20°夹角。新生裂纹迅速向加载方向扩展,同时试件底部产生的裂纹也向上扩展,最终两条裂纹贯通,如图 3-4(g)所示。随着荷载的继续增加,预制大裂纹内尖端向左侧水平扩展并同小裂纹内尖端连接使得岩桥贯通破坏,裂纹发生贯通破坏之后,试件的应力也迅速下降至 14 MPa 左右,裂纹内尖端产生的裂纹最后也向下扩展至试件底部,试件彻底破坏,最终的残余强度为 6. 8 MPa,如图 3-4(h)和图 3-7 所示。

工况 10(大裂纹 24 mm,小裂纹 12 mm,岩桥长度 18 mm,$\alpha=90°$)试验过程见图 3-5。

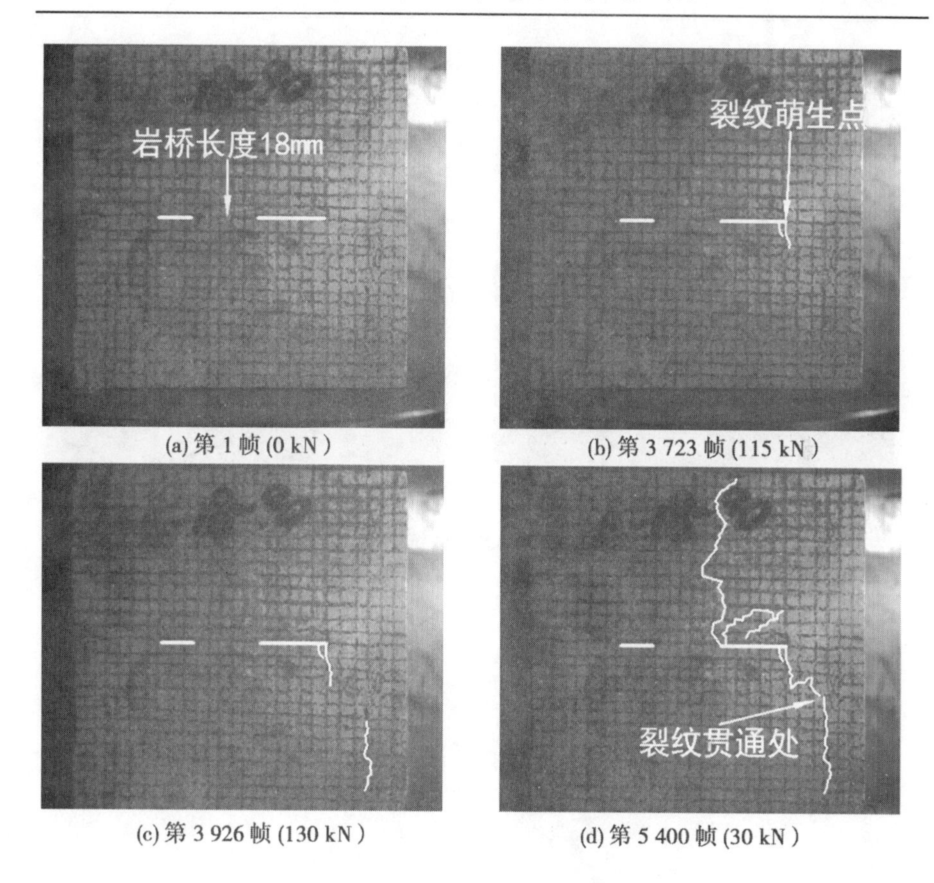

(a) 第 1 帧 (0 kN)　(b) 第 3 723 帧 (115 kN)

(c) 第 3 926 帧 (130 kN)　(d) 第 5 400 帧 (30 kN)

图 3-5 工况 10 的裂纹扩展过程

工况 15(大裂纹 24 mm,小裂纹 12 mm,岩桥长度 24 mm,$\alpha=90°$)的试验过程见图 3-6。

从工况 5、工况 10、工况 15 的试验过程可以看出,预制裂纹的扩展路径都比较曲折,不平滑,扩展路径都没有沿着原有裂纹的方向,例如:工况 5 中的大裂纹内外两个尖端先后萌生的裂纹都是偏向试件的下端面,最终与试件下部产生的裂纹贯通;而工况 10、工况 15 试件的大裂纹扩展均是起裂后就立即偏转为平行于加载方向,曲折发展直至贯穿整个试件。产生这种现象的主要原因为:试验材料本身具有非均匀性,试件内也含有一些微小的初始缺陷(微裂纹、孔洞及砂砾同水泥浆的接触面),使得预制裂纹在扩展的路径上所受到的阻力不同,这必然会造成裂纹扩展路径的曲折性。至于裂纹扩展的方向偏转问题,将在对各个裂纹角度的试验结果之上进行分析。还有一个值得注意的问题是,在裂纹面与加载方向垂直的情况下(工况 5、工况 10、工况 15),有两

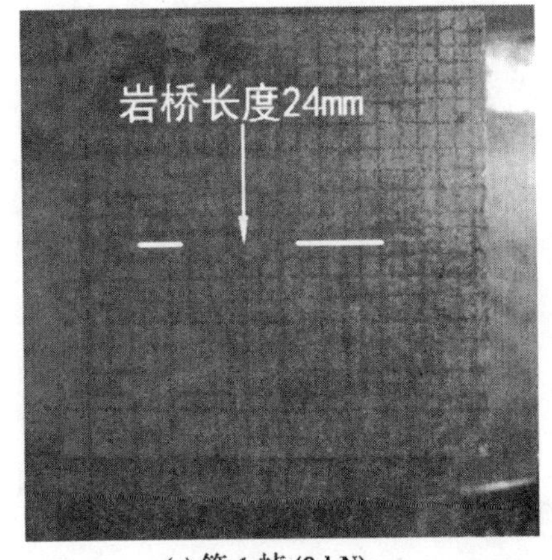

(a) 第 1 帧 (0 kN)　　(b) 第 4 766 帧 (123 kN)

图 3-6　工况 15 的裂纹扩展过程

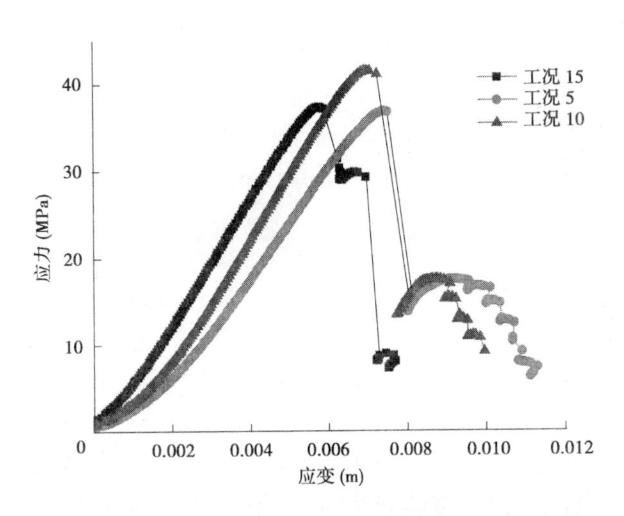

图 3-7　工况 5、工况 10、工况 15 的应力应变曲线

个工况下的小裂纹都没有同预制的大裂纹发生连接贯通，也几乎没有发生明显的扩展。造成这种现象的原因是：预制裂纹同加载方向垂直，且由于试件属于单轴压缩状态，使得预制的裂纹处于受挤压趋于闭合的状态。而预制的裂纹片厚度为 0.3 mm，在试件养护 12 h 且具有一定强度之后才拔出，使得预制裂纹上下表面不相接触，大小两条预制裂纹实质上就是两条扁长的孔洞，如图 3-8 所示。在这一受力状态下，由于大裂纹对截面实际削弱较多，孔洞长度也较大，最容易在上部压力作用下被压闭合，造成裂纹扩展，而大裂纹在扩展过

程中会释放试件中积聚的能量,从而使得小裂纹在大裂纹扩展后几乎难以扩展,也就是说在这一试验条件下,对试件的破坏起主导作用的是大裂纹。但是这一情况是否会随着裂纹面同加载方向夹角的变化而产生改变,将在随后的试验结果中给予说明和分析。

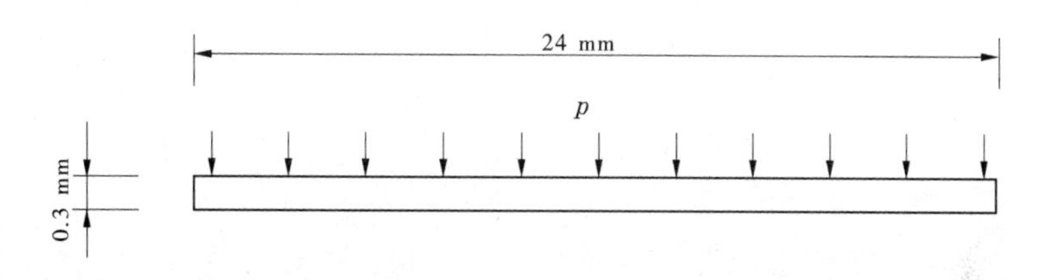

图 3-8　裂纹受力简图

3.2.2.2　**裂纹与加载方向成 60°角(工况 4、工况 9、工况 14)**

工况 4(大裂纹 24 mm,小裂纹 12 mm,岩桥长度 12 mm,$\alpha=60°$)试验过程见图 3-9。

工况 9(大裂纹 24 mm,小裂纹 12 mm,岩桥长度 18 mm,$\alpha=60°$)试验过程见图 3-10。

工况 14(大裂纹 24 mm,小裂纹 12 mm,岩桥长度 24 mm,$\alpha=60°$)试验过程见图 3-11。

从工况 4、工况 9、工况 14 的试验过程图可以看出,裂纹面与加载方向夹角的变化使得裂纹的扩展模式发生了一些改变。工况 4 试件的试验图片显示,在荷载达到 120 kN 时大裂纹的内尖端首先萌生了新的裂纹,此时试件的应力为 36.36 MPa。裂纹的扩展速度非常快,几乎同时大裂纹的外尖端也产生了新的裂纹,并迅速扩展贯穿整个试件破坏。虽然在这一破坏过程中小裂纹仍然没有发生扩展,但是大裂纹的扩展路径已经和之前裂纹面与加载方向成 90°时有所不同,裂纹的扩展路径虽然没有沿着预制裂纹的角度,但其走向也已经不再平行于加载方向,如图 3-9(c)、(d)所示。工况 9 试件同样也是在荷载达到 120 kN(试件应力为 36.4 MPa)时预制裂纹开始萌生新裂纹,不同的是新萌生的裂纹是同时在大裂纹外尖端和小裂纹内尖端展开的,如图 3-10(b)所示,并且随着荷载的继续增加,大小裂纹内尖端都开始扩展,最终在两条预制裂纹发生贯通破坏,如图 3-10(c)和图 3-10(d)所示。工况 14 试件的破坏情况同工况 9 类似,同样是在荷载达到 120 kN(试件应力为 36.4 MPa)时在预制大裂纹外尖端开始萌生新裂纹,最终大小裂纹间的岩桥区产生贯通破坏,如图 3-11(d)所示。从工况 9 和工况 14 的最终破坏状态可以看出,岩桥

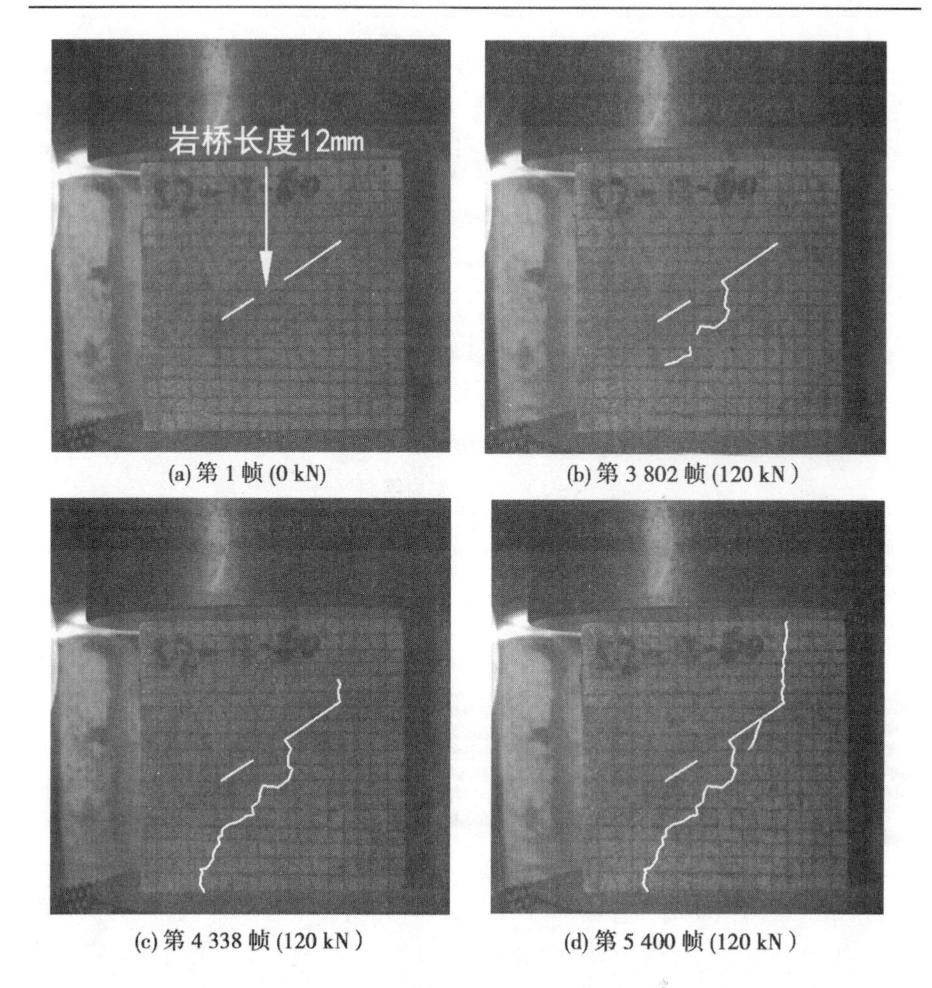

(a) 第 1 帧 (0 kN)

(b) 第 3 802 帧 (120 kN)

(c) 第 4 338 帧 (120 kN)

(d) 第 5 400 帧 (120 kN)

图 3-9　工况 4 的裂纹扩展过程

区大小裂纹的最终贯通并不是沿着原裂纹方向以最近路径破坏,都是以曲折的路径相互贯通。产生这种破坏模式的原因除有之前所述的材料的不均匀性外,还同岩桥长度以及裂纹面倾角有关。在上述三个工况中,岩桥长度为 18 mm 和 24 mm 的试件都发生了岩桥贯通破坏,而岩桥长度最短的工况 4 试件非但没有发生岩桥贯通,小裂纹也几乎没有发生扩展,产生这一现象的原因将在总结完剩余的几个裂纹面倾角试验结果后进行分析。至于裂纹面与加载方向的夹角显然也对大小裂纹的扩展以及破坏模式有影响,这些影响将在随后的章节给予分析。

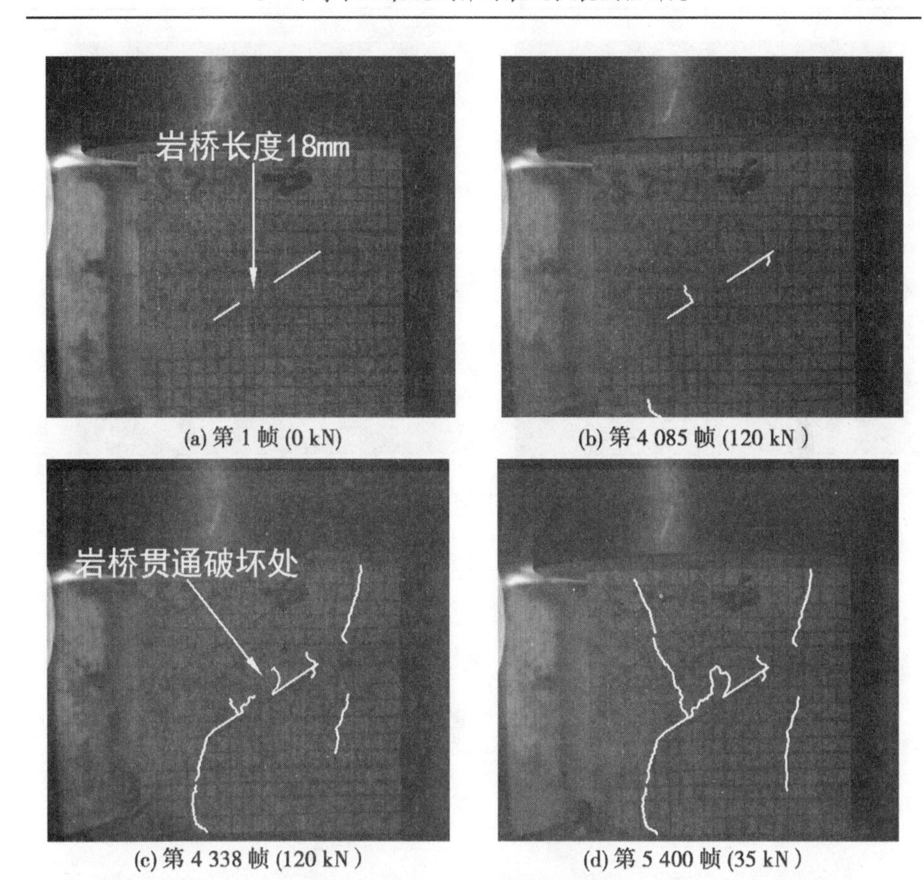

(a) 第 1 帧 (0 kN)　(b) 第 4 085 帧 (120 kN)

(c) 第 4 338 帧 (120 kN)　(d) 第 5 400 帧 (35 kN)

图 3-10　工况 9 的裂纹扩展过程

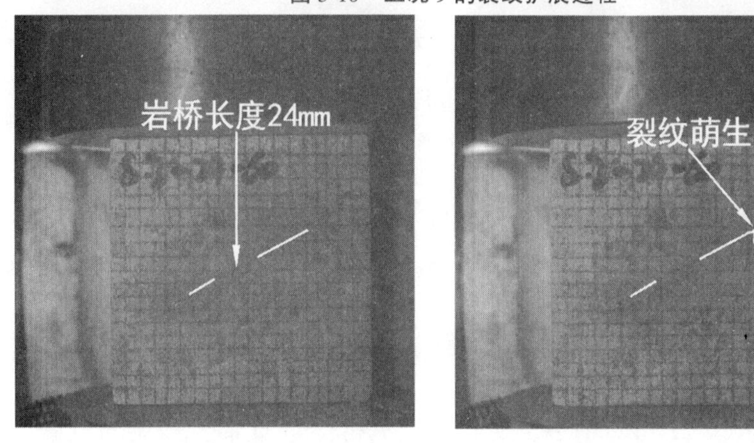

(a) 第 1 帧 (0 kN)　(b) 第 3513 帧 （120 kN）

图 3-11　工况 14 的裂纹扩展过程

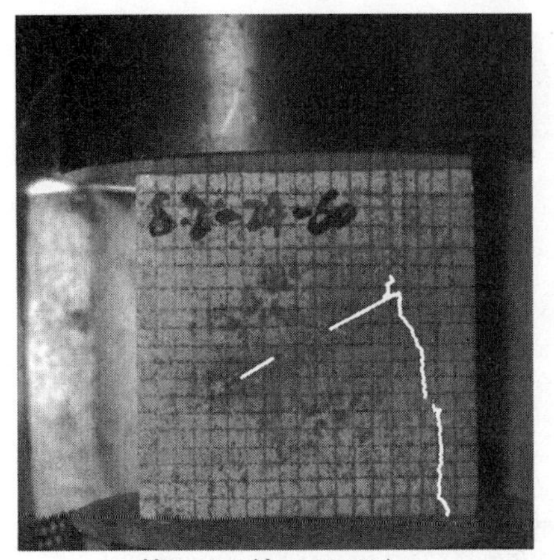

(c) 第 3 643 帧 (140 kN)

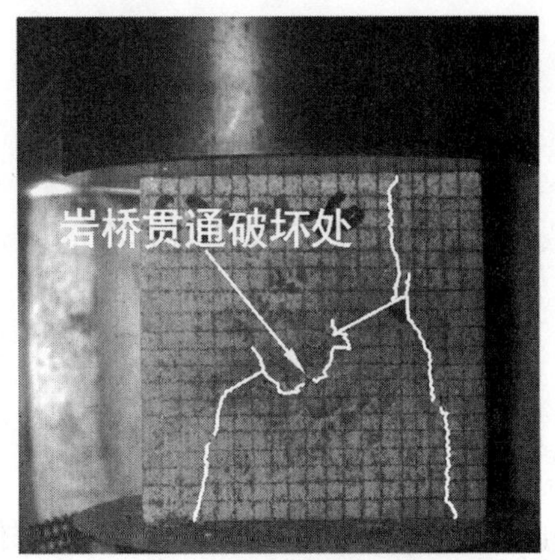

(d) 第 5 145 帧 (35 kN)

续图 3-11

工况 4、工况 9、工况 14 的应力应变曲线见图 3-12。

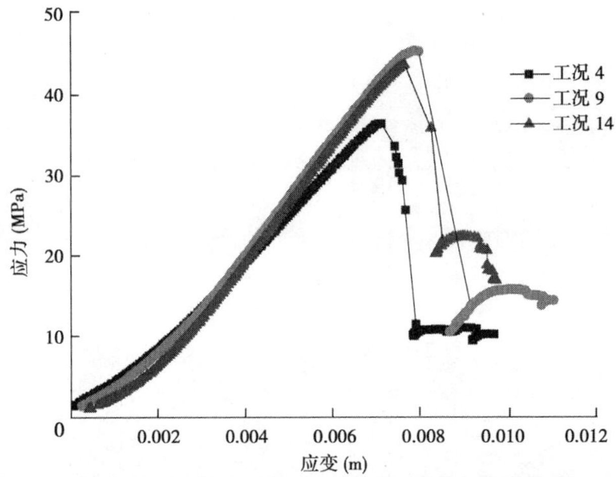

图 3-12　工况 4、工况 9、工况 14 的应力应变曲线

3. 2. 2. 3　**裂纹与加载方向成 45°角(工况 3、工况 8、工况 13)**

工况 3(大裂纹 24 mm,小裂纹 12 mm,岩桥长度 12 mm,$\alpha=45°$)试验过程见图 3-13。

工况 8(大裂纹 24 mm,小裂纹 12 mm,岩桥长度 18 mm,$\alpha=45°$)试验过程见图 3-14。

工况 13(大裂纹 24 mm,小裂纹 12 mm,岩桥长度 24 mm,$\alpha=45°$)试验过程(见图 3-15)。

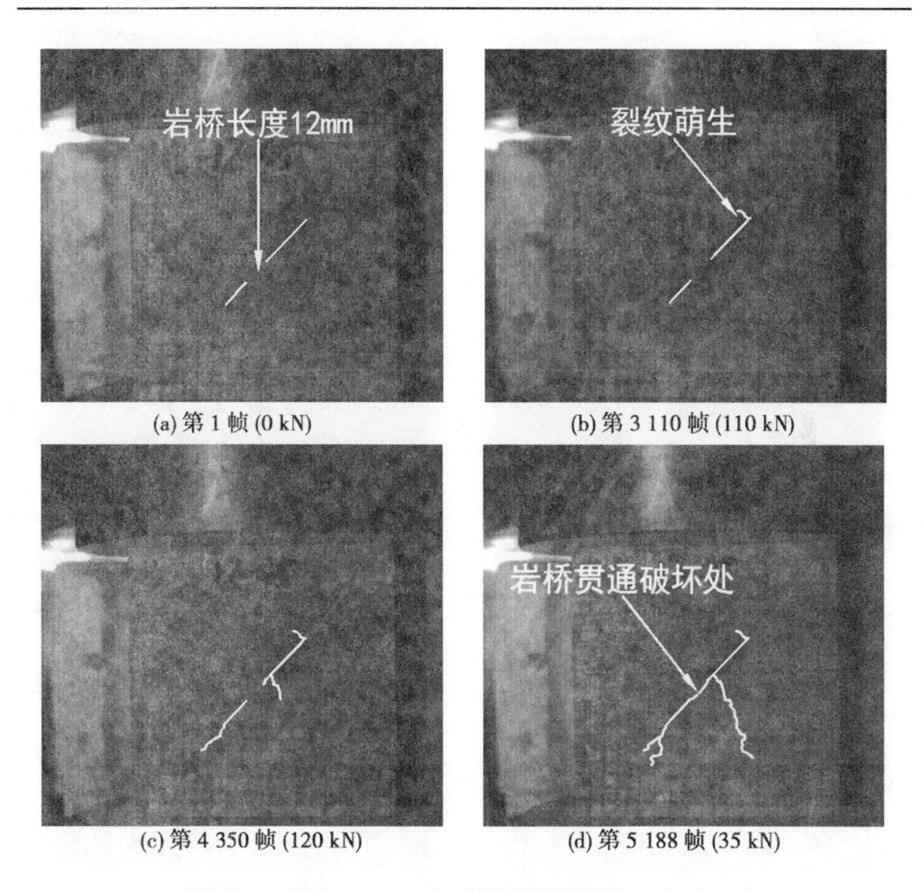

(a) 第 1 帧 (0 kN)　(b) 第 3 110 帧 (110 kN)

(c) 第 4 350 帧 (120 kN)　(d) 第 5 188 帧 (35 kN)

图 3-13　工况 3 的裂纹扩展过程

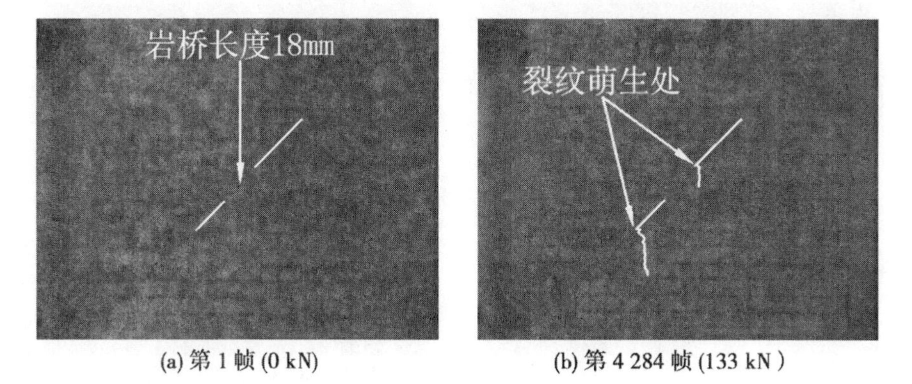

(a) 第 1 帧 (0 kN)　(b) 第 4 284 帧 (133 kN)

图 3-14　工况 8 的裂纹扩展过程

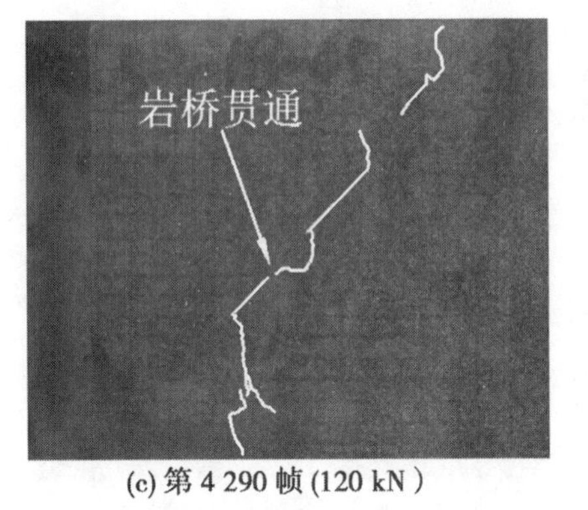

(c) 第 4 290 帧 (120 kN)　　(d) 第 5 288 帧 (35 kN)

续图 3-14

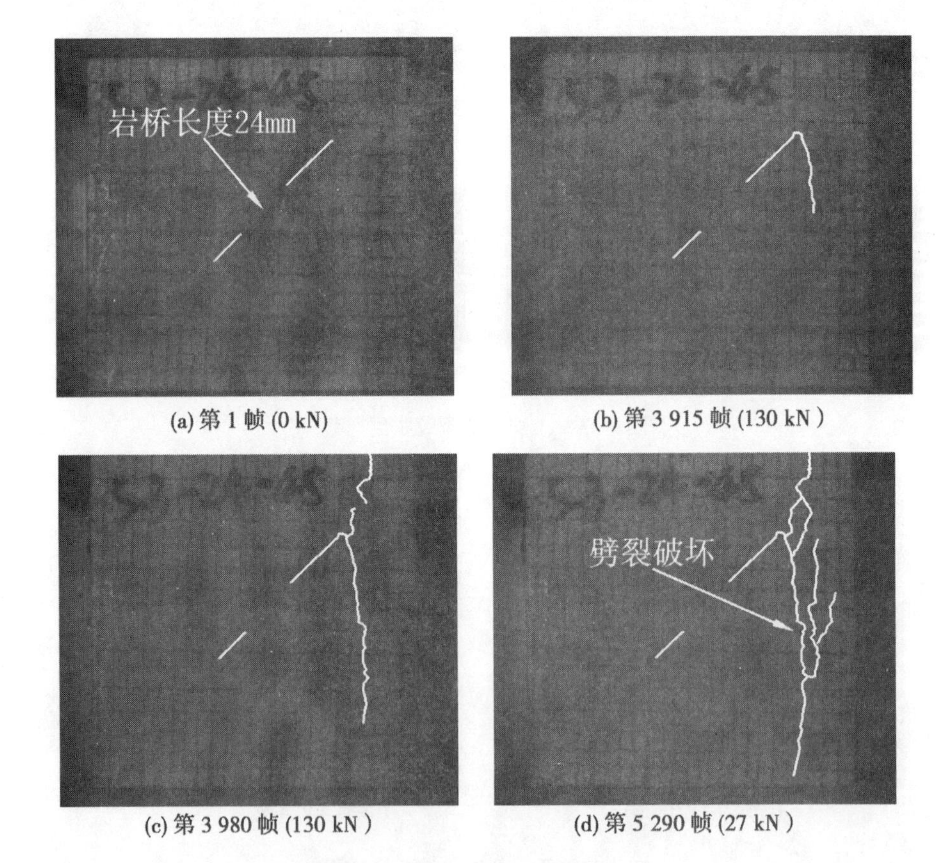

(a) 第 1 帧 (0 kN)　　(b) 第 3 915 帧 (130 kN)

(c) 第 3 980 帧 (130 kN)　　(d) 第 5 290 帧 (27 kN)

图 3-15　工况 13 的裂纹扩展过程

工况3、工况8、工况13试件中预制裂纹同加载方向的夹角为45°,在之前的相关研究中发现,这一角度的预制裂纹最容易造成试件发生剪切破坏,而裂纹的贯通模式也多为剪切破坏模式。从工况3试件的破坏过程可以看出,在荷载达到110 kN(试件应力为33.3 MPa)时,在大裂纹外尖端处发生了裂纹萌生,随着荷载增加(120 kN、36.4 MPa),大裂纹内尖端和小裂纹外尖端也出现了新的萌生裂纹,最终工况3试件的预制裂纹发生了典型的剪切贯通破坏,如图3-13所示。随着岩桥长度增加为18 mm,工况8试件的破坏模式也发生了一些变化。首先是造成裂纹萌生的荷载增加为133 kN(试件应力为40.3 MPa),大裂纹内尖端和小裂纹外尖端同时萌生了新的裂纹,如图3-14(b)所示。其次是主次裂纹虽然发生了贯通破坏,但是其贯通模式已经转变为混合贯通破坏模式。随着岩桥长度进一步增大为24 mm,工况13中大小裂纹并未发生贯通破坏,而是由大裂纹外尖端萌生新裂纹后,裂纹走向迅速偏转为平行于加载方向,最终造成了试件劈裂破坏,如图3-15所示。

工况3、工况8、工况13的应力应变曲线见图3-16。

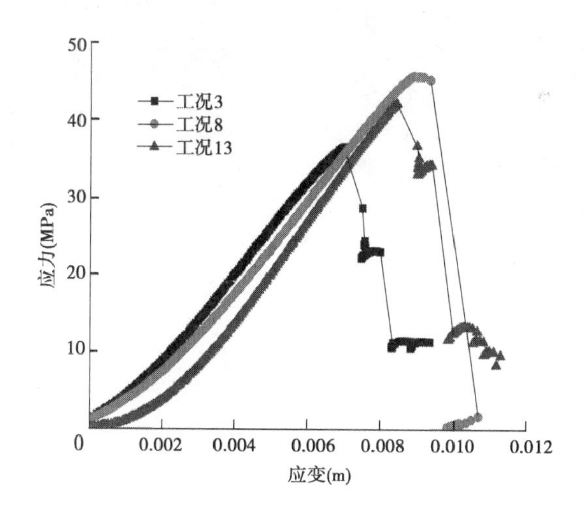

图3-16　工况3、工况8、工况13的应力应变曲线

3.2.2.4　裂纹与加载方向成30°角(工况2、工况7、工况12)

工况2(大裂纹24 mm,小裂纹12 mm,岩桥长度12 mm,$\alpha=30°$)试验过程见图3-17。

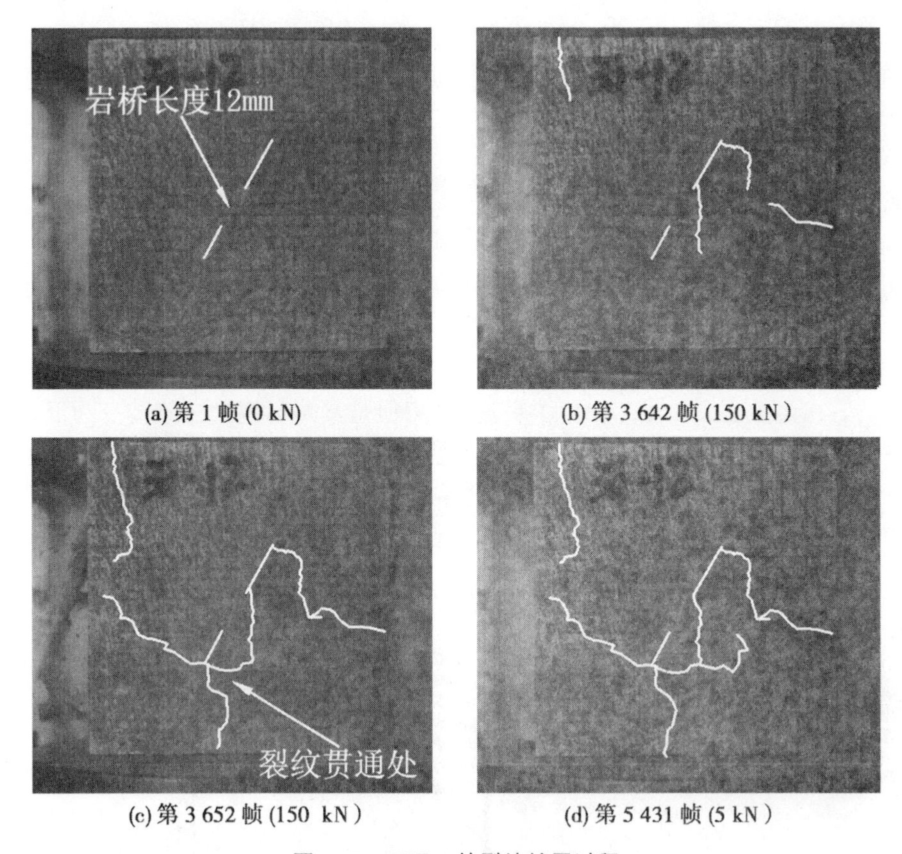

(a) 第 1 帧 (0 kN)　　(b) 第 3 642 帧 (150 kN)

(c) 第 3 652 帧 (150 kN)　　(d) 第 5 431 帧 (5 kN)

图 3-17　工况 2 的裂纹扩展过程

工况 7(大裂纹 24 mm,小裂纹 12 mm,岩桥长度 18 mm,$\alpha=30°$)试验过程见图 3-18。

工况 12(大裂纹 24 mm,小裂纹 12 mm,岩桥长度 24 mm,$\alpha=30°$)试验过程见图 3-19。

工况 2、工况 7、工况 12 的裂纹面与加载方向的夹角进一步缩小,成 30°夹角。工况 2 试件产生裂纹萌生时的荷载较前几组试件都高,达到了 150 kN(试件应力为 45.45 MPa),并且试件的多处同时萌生了新的裂纹,包括大裂纹的内外尖端以及试件的左上角和右侧边,如图 3-17 所示。裂纹起裂后扩展非常快,大裂纹内尖端产生的新裂纹以弧形路径扩展至小裂纹的外尖端,形成牵引贯通破坏模式。岩桥长度为 18 mm 的工况 7 试件预制裂纹萌生时的荷载同样达到了 153 kN(试件应力为 46.4 MPa),但是工况 7 的预制裂纹并未发生贯通破坏,大裂纹外尖端萌生新裂纹后,裂纹迅速分裂扩展,并最终在试块左上角形成一个破坏区域，使得部分试件崩裂出来，如图 3-18 所示。而岩桥长度为 24 mm 的工况 12 在试验过程中，并未发生裂纹扩展，仅在试件荷载达到 168 kN(试件应力为 51 MPa)时突然产生了劈裂破坏，如图 3-19 所示。

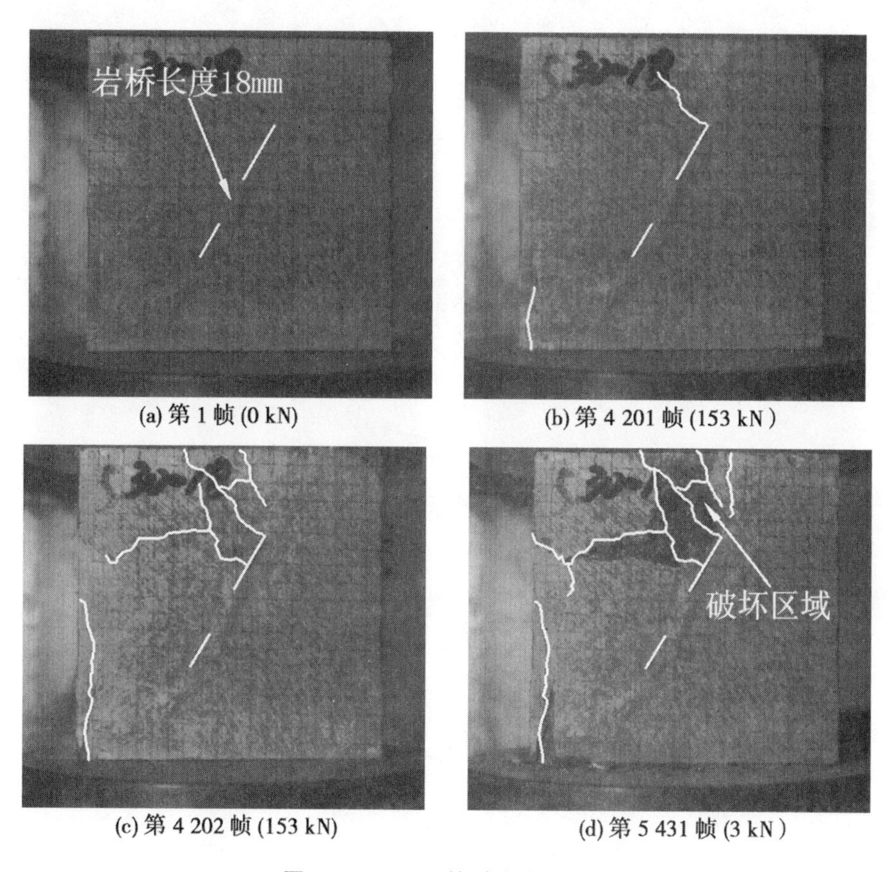

(a) 第 1 帧 (0 kN)　(b) 第 4 201 帧 (153 kN)

(c) 第 4 202 帧 (153 kN)　(d) 第 5 431 帧 (3 kN)

图 3-18　工况 7 的裂纹扩展过程

从这三个试件的应力应变曲线(见图 3-20)可以看出同之前试验结果的明显不同，试件的破坏强度都明显增大，基本都达到了 50 MPa 以上，而之前的试件破坏强度基本都在 45 MPa 左右，并且试件达到峰值强度后，破坏非常迅速，破坏时大多形成一定的破坏区域使得部分试件崩裂出来，破坏后的力学特性也不同于之前的试件，其残余应力迅速降至 5 MPa 以下，使得压力机无法继续加载。

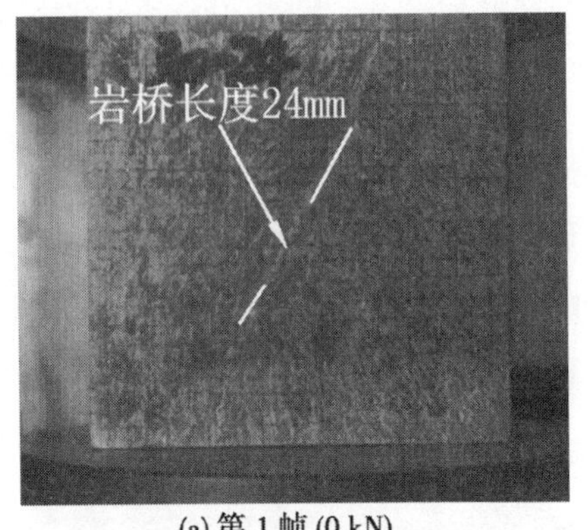

(a) 第 1 帧 (0 kN)

(b) 第 4 220 帧 （168 kN）

图 3-19　工况 12 的裂纹扩展过程

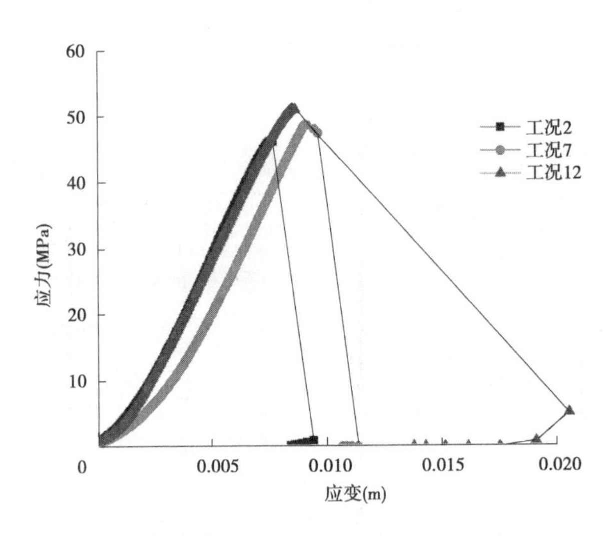

图 3-20　工况 2、工况 7、工况 12 的应力应变曲线

3.2.2.5　**裂纹与加载方向成 0°角（工况 1、工况 6、工况 11）**

工况 1（大裂纹 24 mm，小裂纹 12 mm，岩桥长度 12 mm，$\alpha=0°$）试验过程见图 3-21。

工况 6（大裂纹 24 mm，小裂纹 12 mm，岩桥长度 18 mm，$\alpha=0°$）试验过程见图 3-22。

工况 11（大裂纹 24 mm，小裂纹 12 mm，岩桥长度 24 mm，$\alpha=0°$）试验过程见图 3-23。

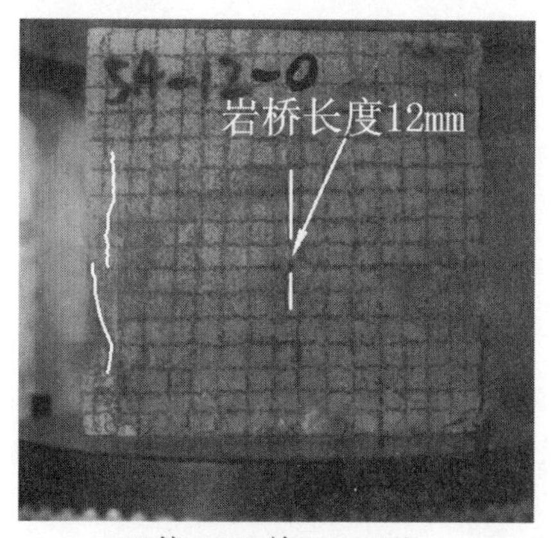

(a) 第 4 041 帧 (153 kN)

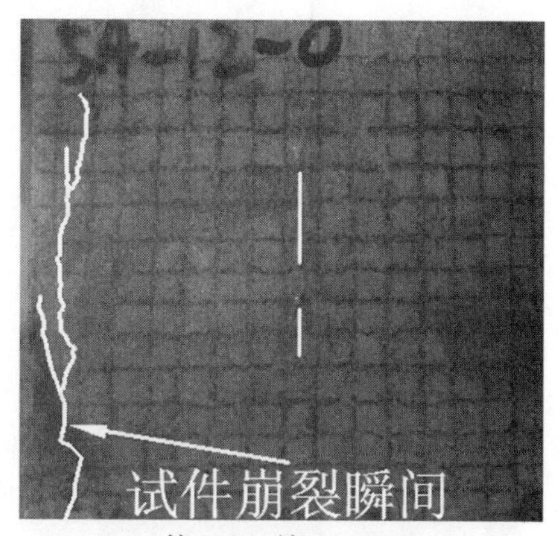

(b) 第 4 043 帧 (153 kN)

图 3-21　工况 1 的裂纹扩展过程

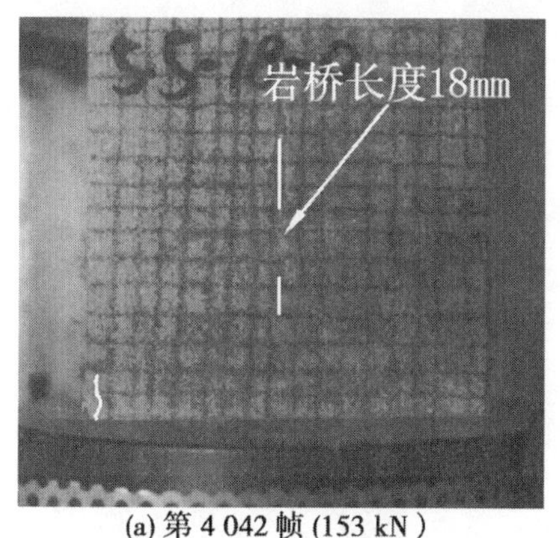

(a) 第 4 042 帧 (153 kN)

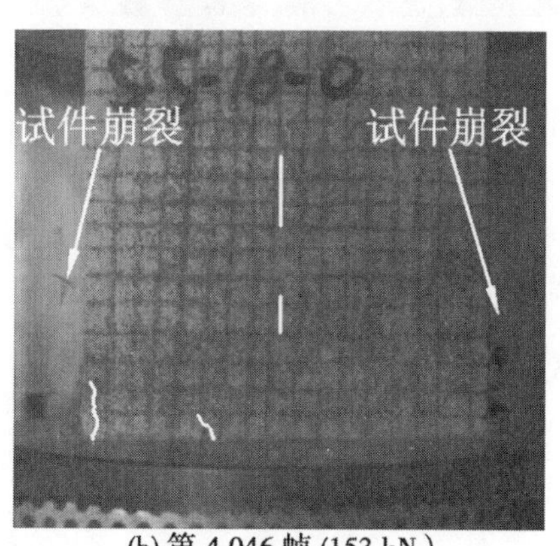

(b) 第 4 046 帧 (153 kN)

图 3-22　工况 6 的裂纹扩展过程

随着预制裂纹面与加载方向的夹角变为 0°,这一参数下的三个工况试件试验结果同之前的试验结果相比发生了很大变化。从工况 1、工况 6、工况 11 的试验图片可以看出,这三个试件在试验过程中预制的大小裂纹都没有发生扩展。工况 1、工况 6 试件都是在荷载达到 153 kN(试件应力为 46.4 MPa)时发生破坏,但破坏情况仅是试件边缘产生崩裂,这一破坏模式已经类似于普通无预制裂纹试件的试验结果。而工况 11 的破坏强度超出了试验前设定的伺服压力机最大限制,没有发生破坏,为了不因为循环加载对试验结果造成影响,所以这一试件没有再进行加载试验。试件的应力应变曲线也类似于上一组(裂纹面夹角 30°)试件,见图 3-24,试块强度都接近了 50 MPa,工况 11 更是超过了试验机的加载限制而未能破坏。

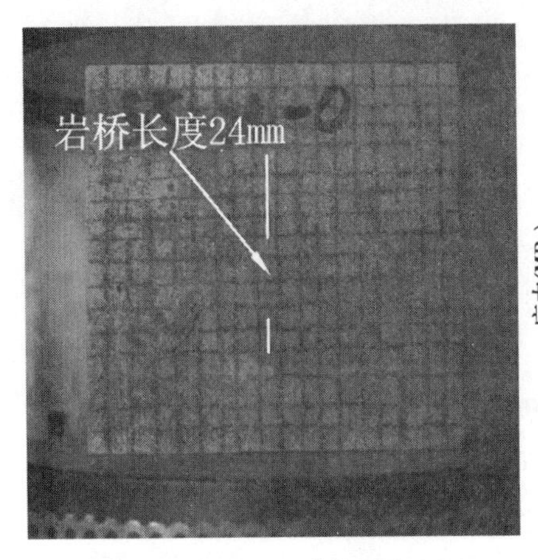

图 3-23　工况 11 试件(170 kN)

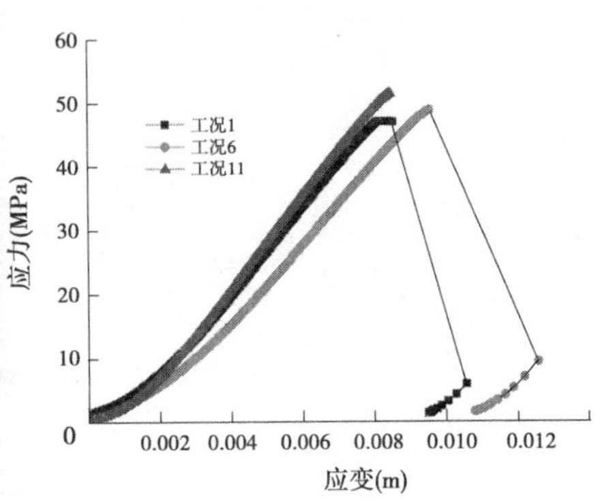

图 3-24　工况 1、工况 6、工况 11 的应力应变曲线

3.3　主次裂纹的相互影响扩展试验

3.3.1　试验对象

通过对 3.2 节所进行的 5 批共计 15 个工况试件的试验结果分析,基本可以确定在一个包含长度不等的双裂纹试件中,对试件的破坏起决定性作用的是尺度较大的裂纹(简称主裂纹),所有产生裂纹扩展的试件都是由主裂纹的萌生发育开始的,最终大多数试件都是由于主裂纹扩展连接长度较短的裂纹(简称次裂纹)使得岩桥区贯通或主裂纹独自扩展形成贯穿试件的裂隙导致试件破坏。那么次裂纹在整个试验过程中对主裂纹的起裂与扩展起到什么作用?次裂纹长度的变化是否会对主裂纹的扩展产生影响?这是在本节试验中力图解决的问题。

试件的尺寸同 3.2 节的试验所使用的试件保持一致,在此不再赘述。为了研究次裂纹长度的变化对主裂纹在荷载作用下的扩展规律影响,固定大裂纹的长度为 24 mm,岩桥长度为 18 mm,并且设置了 5 种裂纹面同加载方向的夹角和 3 种次裂纹长度进行试验,加上可以对工况组 1 中岩桥长度为 18 mm 的 5 个工况试件进行对比分析,总计为 20 个工况试件,具体的工况如表 3-3 所示。

表 3-3 工况组 2

工况组 2					
工况	次裂纹长度 $2c$	裂纹面夹角 α	工况	次裂纹长度 $2c$	裂纹面夹角 α
工况 16	4 mm	$\alpha=0°$	工况 24	6 mm	$\alpha=60°$
工况 17	4 mm	$\alpha=30°$	工况 25	6 mm	$\alpha=90°$
工况 18	4 mm	$\alpha=45°$	工况 26	8 mm	$\alpha=0°$
工况 19	4 mm	$\alpha=60°$	工况 27	8 mm	$\alpha=30°$
工况 20	4 mm	$\alpha=90°$	工况 28	8 mm	$\alpha=45°$
工况 21	6 mm	$\alpha=0°$	工况 29	8 mm	$\alpha=60°$
工况 22	6 mm	$\alpha=30°$	工况 30	8 mm	$\alpha=90°$
工况 23	6 mm	$\alpha=45°$			

工况组 2 试件如图 3-25 所示。

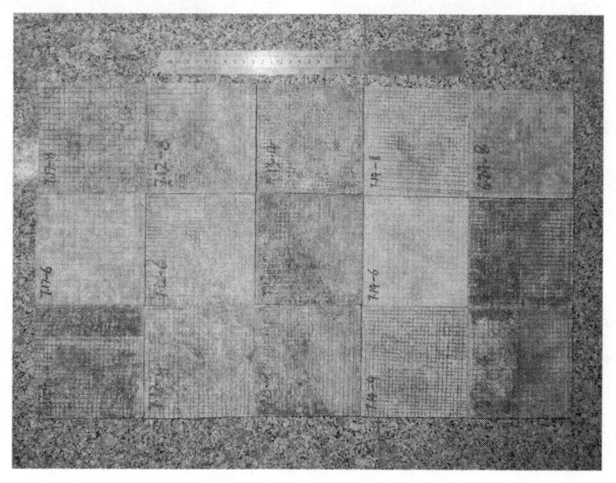

图 3-25 工况组 2

3.3.2 试验结果

3.3.2.1 裂纹与加载方向成 90°角(工况 20、工况 25、工况 30)

图 3-26 为高速摄像机捕捉到的工况 20 试件在试验过程中有代表性的各个阶段的图片。试件预制了两条裂纹,岩桥长度为 18 mm,主裂纹长度为 24 mm,次裂纹长度分别为 4 mm、6 mm、8 mm。工况 20(主裂纹 24 mm,次裂纹

4 mm,岩桥长度 18 mm,$\alpha=90°$)试验过程图 3-26。

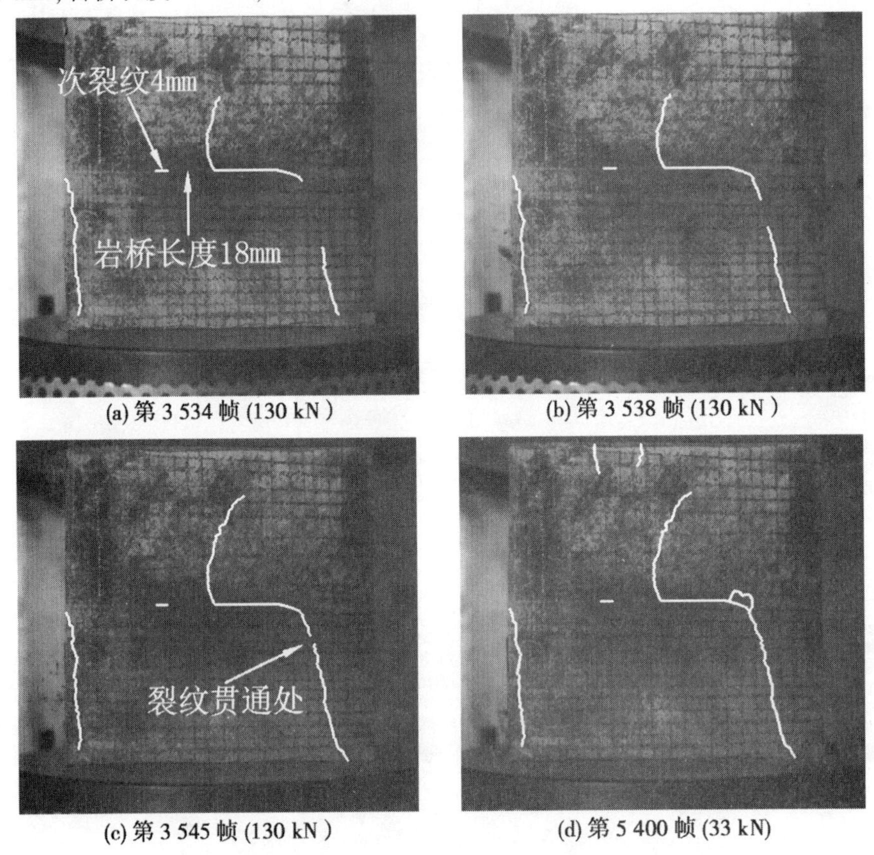

(a) 第 3 534 帧 (130 kN)　　(b) 第 3 538 帧 (130 kN)

(c) 第 3 545 帧 (130 kN)　　(d) 第 5 400 帧 (33 kN)

图 3-26　试件 20 的裂纹扩展过程

工况 25(主裂纹 24 mm,次裂纹 6 mm,岩桥长度 18 mm,$\alpha=90°$)试验过程见图 3-27。

工况 30(主裂纹 24 mm,次裂纹 8 mm,岩桥长度 18 mm,$\alpha=90°$)试验过程见图 3-28。

图 3-26 展示了工况 20 试件(次裂纹 4 mm)在试验过程中裂纹动态扩展的过程,试件在荷载达到 130 kN(试件应力为 39. 39 MPa)时,主裂纹的内外尖端同时萌生了新的裂纹。主裂纹内尖端所萌生的裂纹同原裂纹垂直指向试件上部,而外尖端所萌生的裂纹向下偏转原裂纹方向 20°左右,扩展约 10 mm 后迅速转向为平行于加载方向。同时,试件的右下部也产生了向上扩展的裂纹,最后同主裂纹外尖端产生的裂纹产生贯通破坏,如图 3-26(c)所示,试验

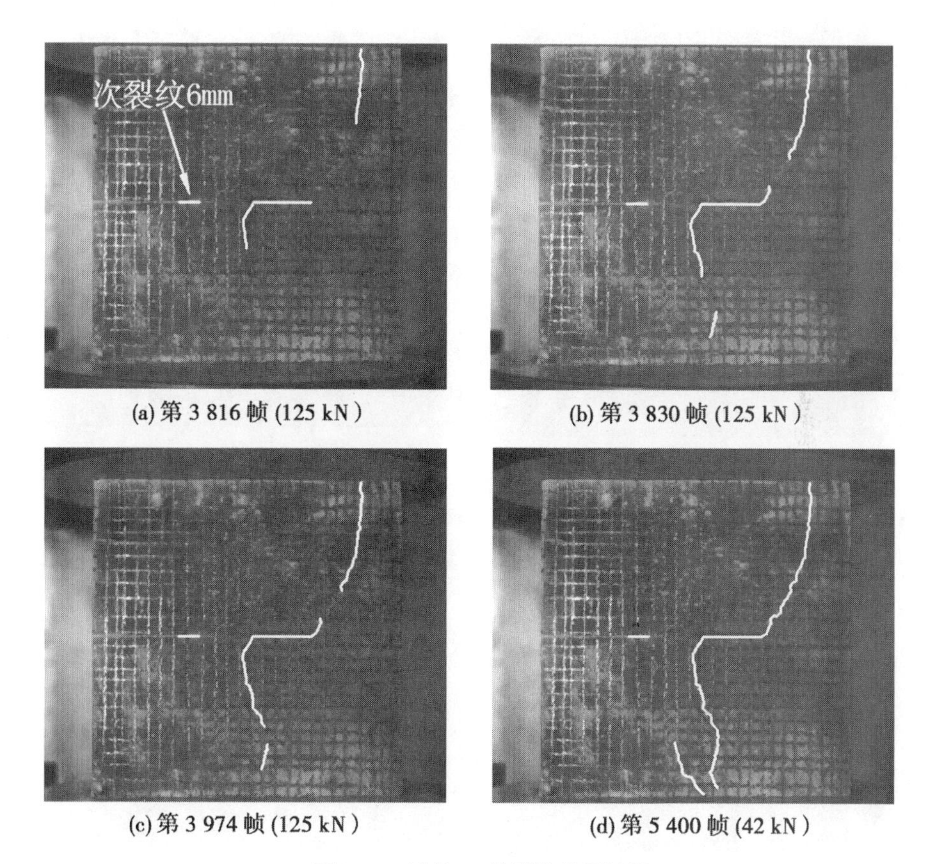

(a) 第 3 816 帧 (125 kN) (b) 第 3 830 帧 (125 kN)

(c) 第 3 974 帧 (125 kN) (d) 第 5 400 帧 (42 kN)

图 3-27 试件 25 的裂纹扩展过程

过程中预制的 4 mm 次裂纹始终没有扩展。工况 25 试件中预制的次裂纹为 6 mm,试件在荷载达到 125 kN(试件应力为 37.88 MPa)时同样是主裂纹内外尖端同时起裂。主裂纹内尖端产生向下平行于加载方向的新裂纹,而外尖端产生的裂纹则刚好相反,其扩展路径指向试件上部,裂纹萌生后迅速上下扩展至试件端部造成试件破坏。工况 30 试件的新裂纹萌生点是在主裂纹的外尖端,裂纹萌生后分为两个方向扩展,一条垂直于原裂纹路径指向试件上部,另一条沿着原裂纹路径水平扩展一段后偏转 90°向试件下部扩展,在扩展过程中裂纹的尖端积聚的弹性能突然释放,造成了裂纹尖端部分试块崩裂出来,这一现象被高速摄像机所捕捉到,如图 3-28(e)所示。最终主裂纹外尖端萌生的两条裂纹相互扩展最终造成试件破坏,同前工况 20、工况 25 的试验情况类似,次裂纹未能在加载过程中起裂。这一结果同工况组 1 中工况 10、工况 15 的试验结果类似,表明次裂纹在这一倾角下对主裂纹的扩展几乎没有影响。

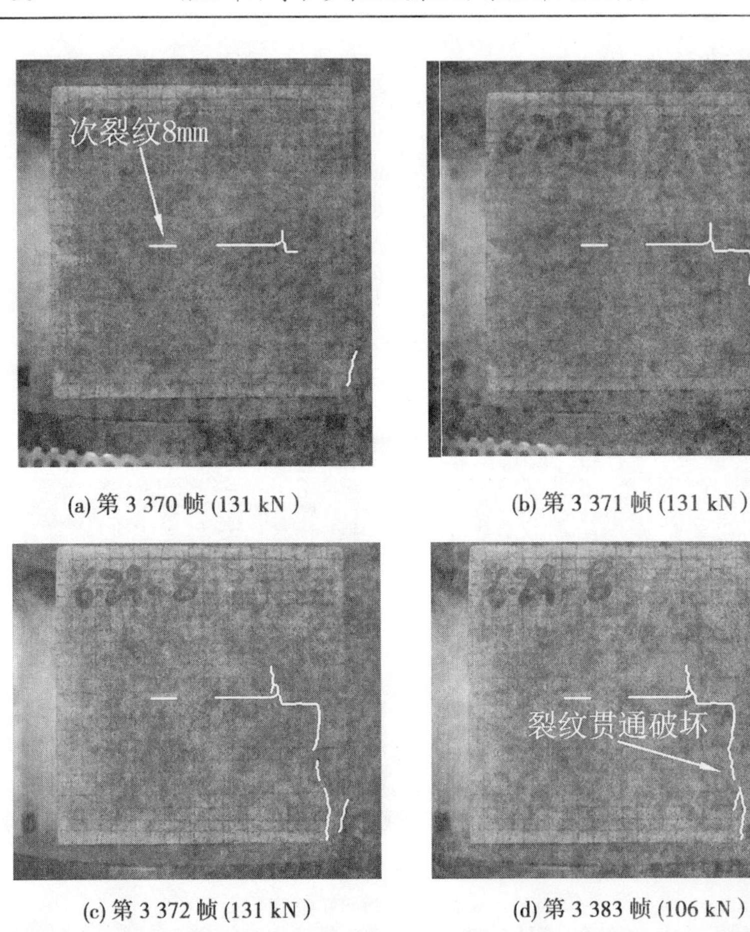

(a) 第 3 370 帧 (131 kN)　　(b) 第 3 371 帧 (131 kN)

(c) 第 3 372 帧 (131 kN)　　(d) 第 3 383 帧 (106 kN)

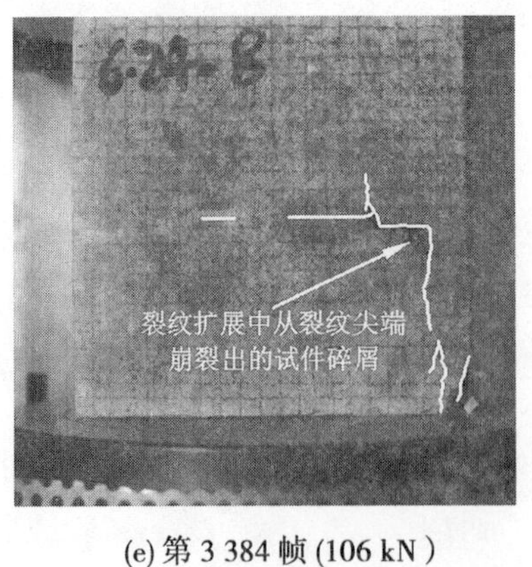

(e) 第 3 384 帧 (106 kN)

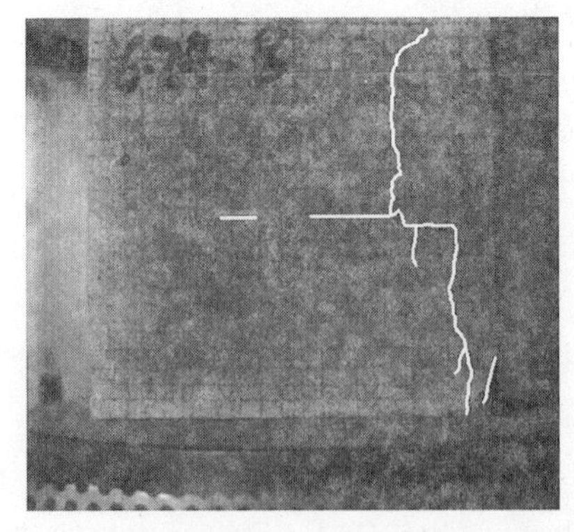

(f) 第 5 345 帧 (58 kN)

图 3-28　工况 30 的裂纹扩展过程

工况 20、工况 25、工况 30 的应力应变曲线较为类似,最终试件的破坏强度基本都在 40 MPa 左右,峰值后的残余强度也比较接近,可见次裂纹长度的变化对试件应力应变影响很小,如图 3-29 所示。

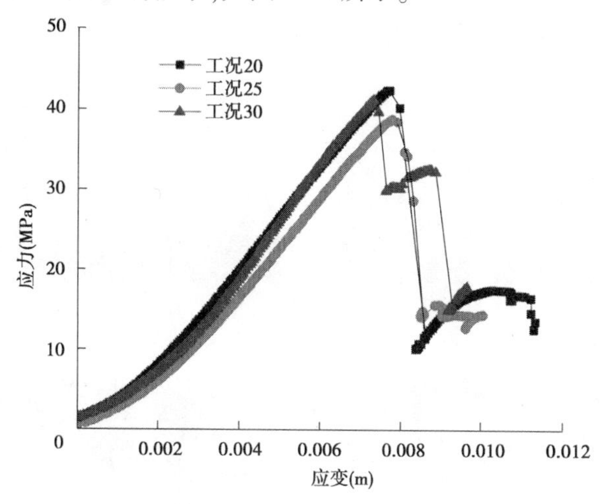

图 3-29　工况 20、工况 25、工况 30 的应力应变曲线

3.3.2.2　裂纹与加载方向成 60°角(工况 19、工况 24、工况 29)

工况 19(主裂纹 24 mm,次裂纹 4 mm,岩桥长度 18 mm,$\alpha=60°$)试验过程见图 3-30。

工况 24(主裂纹 24 mm,次裂纹 6 mm,岩桥长度 18 mm,$\alpha=60°$)试验过程见图 3-31。

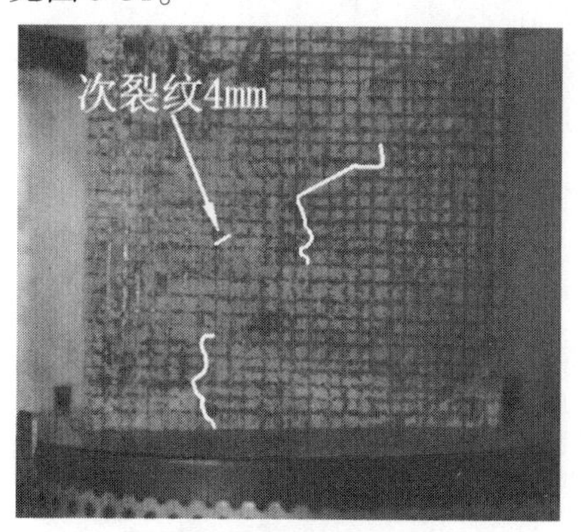

(a) 第 3 591 帧 (138 kN)

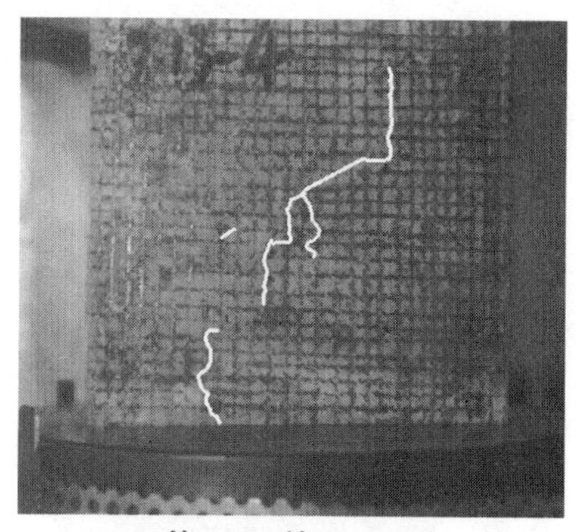

(b) 第 3 592 帧 (138 kN)

图 3-30　工况 19 的裂纹扩展过程

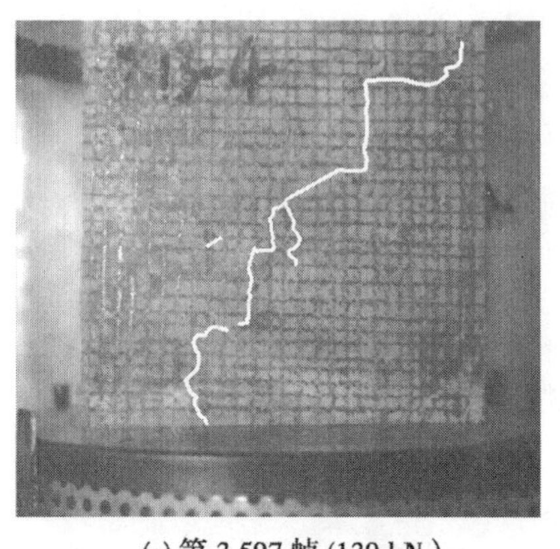

(c) 第 3 597 帧 (139 kN)

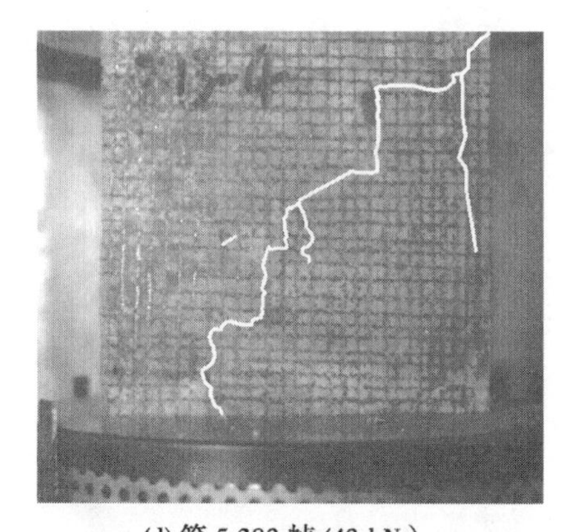

(d) 第 5 383 帧 (43 kN)

续图 3-30

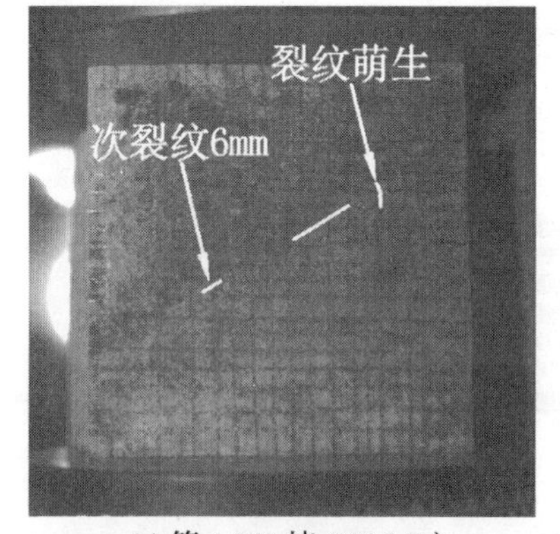

(a) 第 4 065 帧 (151 kN)

(b) 第 4 066 帧 (151 kN)

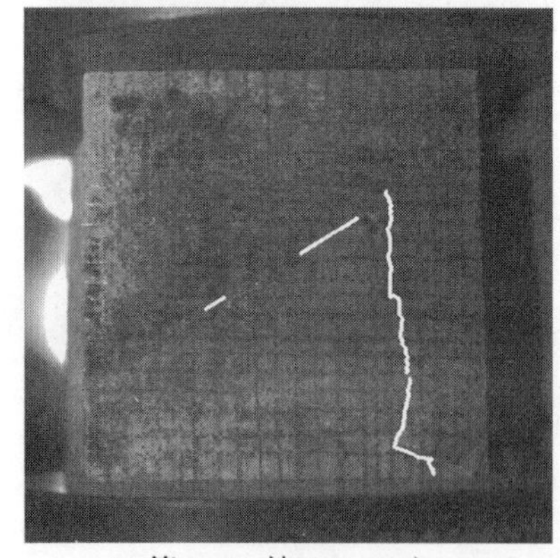

(c) 第 4 068 帧 (151 kN)

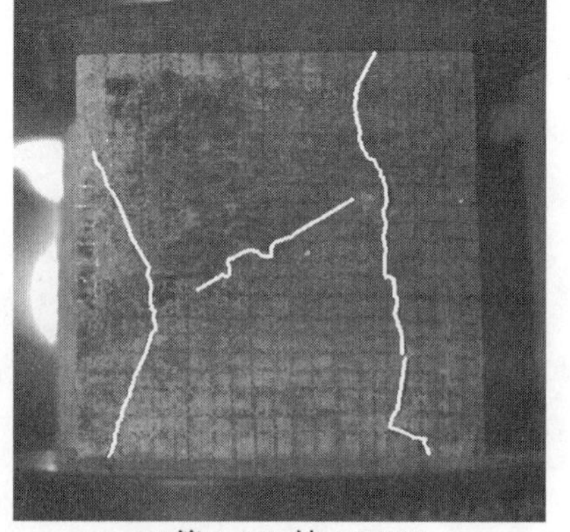

(d) 第 5 340 帧 (47 kN)

图 3-31　工况 24 的裂纹扩展过程

工况 29(主裂纹 24 mm,次裂纹 8 mm,岩桥长度 18 mm,$\alpha=60°$)试验过程见图 3-32。

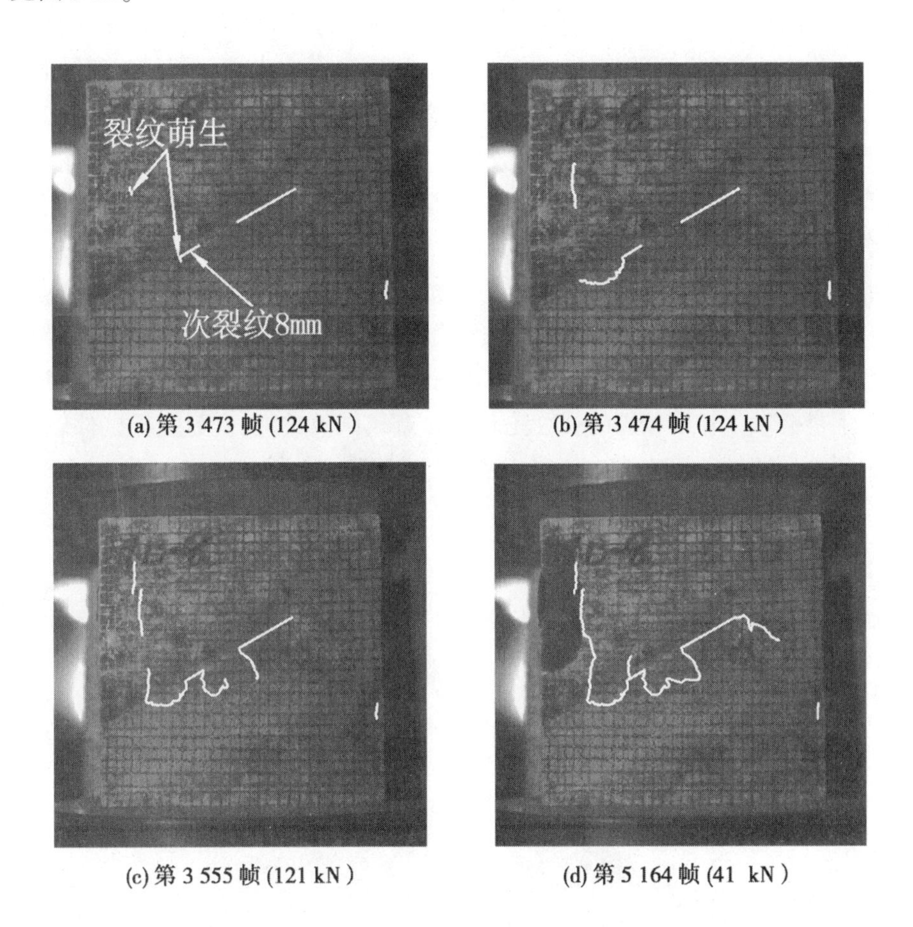

(a) 第 3 473 帧 (124 kN)　(b) 第 3 474 帧 (124 kN)

(c) 第 3 555 帧 (121 kN)　(d) 第 5 164 帧 (41 kN)

图 3-32　工况 29 的裂纹扩展过程

从这一批三个工况的试验动态过程图片可以发现,裂纹的扩展模式发生了一些变化。首先工况 19 的预制裂纹扩展路径几乎是沿 45°贯穿试件,主裂纹内尖端最初萌生的新裂纹在扩展一段距离后停止发展,然后从主裂纹内尖端重新萌生了一条新的裂纹一直斜向发展到试件底部, 形成典型的剪切破坏模式,预制的 4 mm 次裂纹未在试验过程中发生扩展。工况 24 试件在荷载达到 151 kN(试件应力为 45.76 MPa)时萌生了新的裂纹,不同于之前的试验情况的是新生裂纹并不是在预制主裂纹尖端起裂,而是在主裂纹右侧 8 mm 左右处产生了新的裂纹,这一裂纹起裂后上下平行于加载方向扩展最终贯穿了试件。产生这种现象的原因是主裂纹尖端区域由于裂纹的存在属于高应力集中区,由于试件并不是均质材料,所以在这一高应力区的任何一点满足材料的开裂条件,都会萌生新的裂纹,并不一定都从预制裂纹尖端起裂。与此同时,试件左下角也萌生了新的裂纹向上部扩展,其扩展方向明显偏向了小裂纹所在的方向,最后主裂纹内尖端萌生裂纹同次裂纹贯通,形成剪切贯通破坏,如图 3-31 所示。预制次裂纹在工况 29 试件中增长到 8 mm,在荷载达到 124 kN 时次裂纹的外尖端最先开始扩展,随后才是主次裂纹的内尖端共同扩展并连接形成混合贯通破坏。在这一工况中,对试件破坏起主导作用的裂纹变成了预制长度较短的次裂纹,这是在之前的试验中没有遇到的。这说明了虽然在绝大多数情况下对试件破坏起主导作用的都是长度较大的裂纹,但是在某些情况下也会发生长度较短的裂纹先起裂并造成试件破坏,变为主导试件破坏的主裂纹。试件 19、24、29 的应力应变曲线如图 3-33 所示。

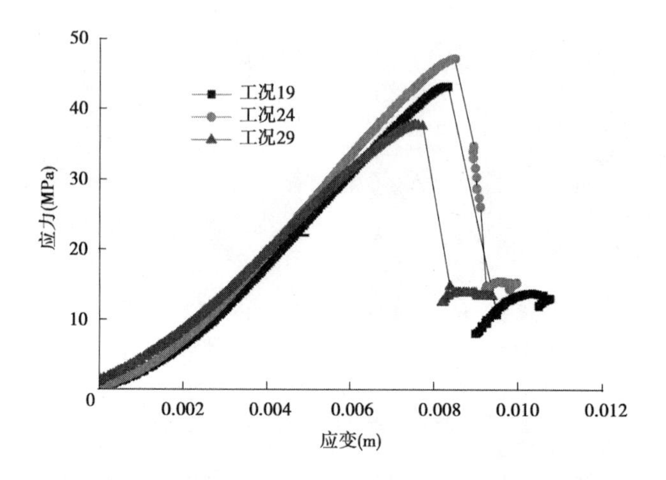

图 3-33　工况 19、工况 24、工况 29 的应力应变曲线

3.3.2.3　裂纹与加载方向成 45°角(工况 18、工况 23、工况 28)

工况 18(主裂纹 24 mm,次裂纹 4 mm,岩桥长度 18 mm,$\alpha=45°$)试验过程见图 3-34。

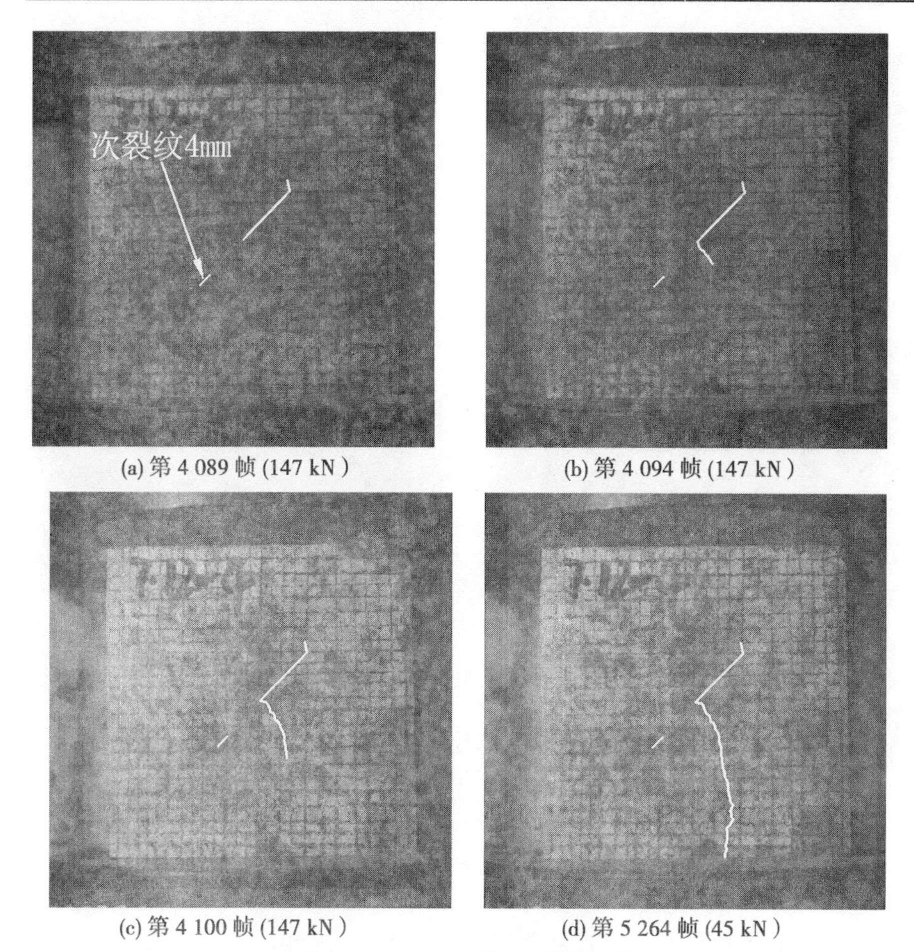

(a) 第 4 089 帧 (147 kN)
(b) 第 4 094 帧 (147 kN)
(c) 第 4 100 帧 (147 kN)
(d) 第 5 264 帧 (45 kN)

图 3-34 工况 18 的裂纹扩展过程

工况 23(主裂纹 24 mm,次裂纹 6 mm,岩桥长度 18 mm,$\alpha=45°$)试验过程见图 3-35。

工况 28(主裂纹 24 mm,次裂纹 8 mm,岩桥长度 18 mm,$\alpha=45°$)试验过程见图 3-36。

预制次裂纹长度为 4 mm 的工况 18 在荷载达到 147 kN(试件应力为 44.55 MPa)时预制主裂纹外尖端最先开始扩展,但只扩展了 3 mm 左右就停止了发展,随后主裂纹内尖端迅速扩展至试件底部造成试件破坏,在试验过程中次裂纹未发生扩展。如图 3-35 所示,随着预制次裂纹长度增长为 6 mm,试验结果发生了明显的变化,在荷载达到 132 kN(试件应力为 40 MPa)时主次裂纹同时开始了裂纹扩展,裂纹在岩桥区形成了混合贯通破坏,并分别在外尖

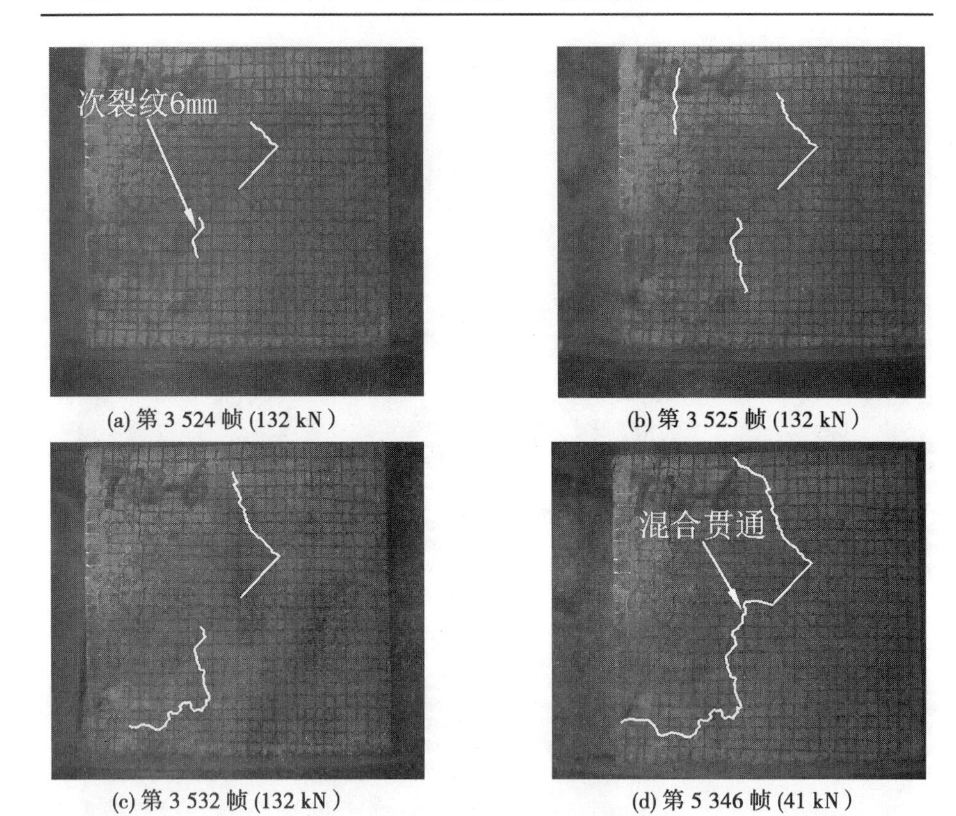

(a) 第 3 524 帧 (132 kN)　(b) 第 3 525 帧 (132 kN)

(c) 第 3 532 帧 (132 kN)　(d) 第 5 346 帧 (41 kN)

图 3-35　工况 23 的裂纹扩展过程

端向上下两个方向发展造成了试件剪切破坏。次裂纹在试验中开始扩展并与主裂纹搭接贯通表明了在其他参数固定的情况下，次裂纹长度的改变影响了主裂纹的扩展路径，使得主裂纹内尖端萌生的裂纹被“吸引”到次裂纹所处位置，造成了岩桥区贯通破坏，并且主裂纹扩展路径的改变以及次裂纹的发育使得整个试件的破坏形态也产生了变化，形成了剪切破坏，这一破坏形态同预制次裂纹长度为 4 mm 时的工况破坏情况形成了鲜明对比，对比图 3-35 和图 3-36。在预制次裂纹继续增长为 8 mm 时，同样保持了这一变化趋势，主裂纹扩展路径同样受到次裂纹长度增加的影响而同次裂纹发生搭接贯通，并且此时岩桥区域由于裂纹的相互扩展影响而破坏得更为剧烈(部分岩桥区试件崩裂)，如图 3-36(d)所示，最终裂纹大致形成了 45°贯穿试件的破裂面造成试件剪切破坏。

这三个工况的试验应力应变曲线如图 3-37 所示，其变化趋势从初始加载

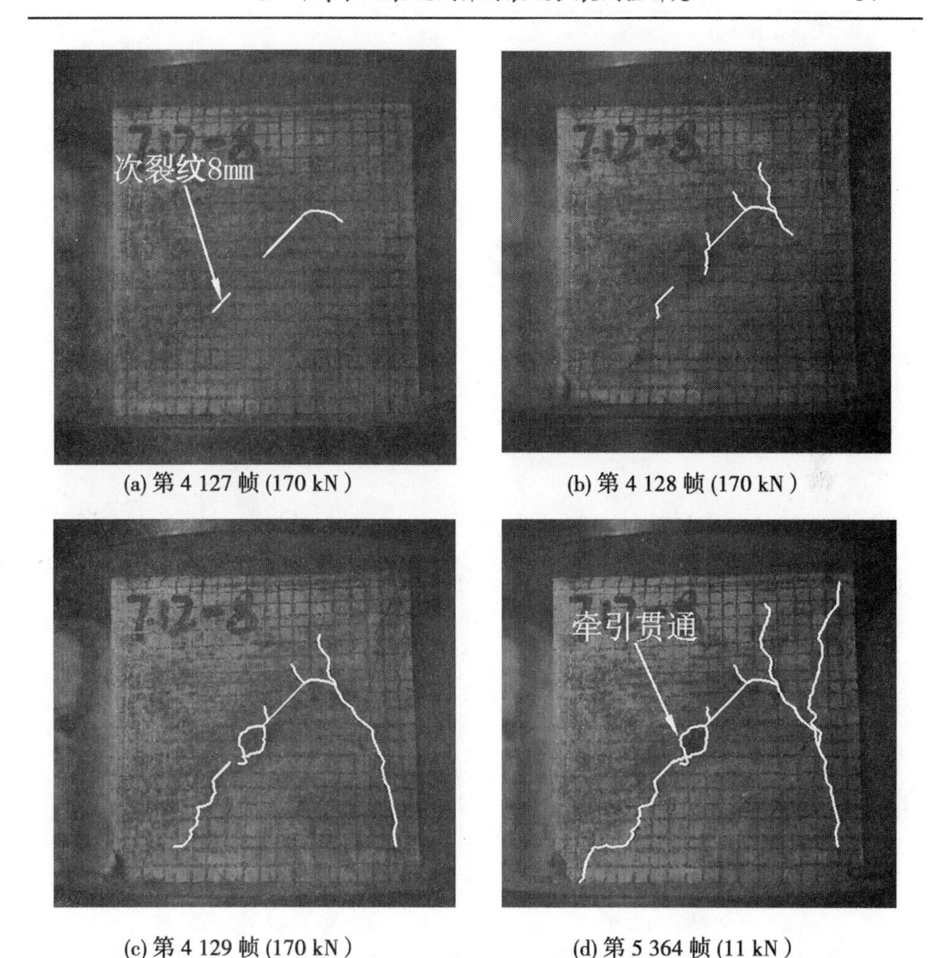

(a) 第 4 127 帧 (170 kN)　(b) 第 4 128 帧 (170 kN)

(c) 第 4 129 帧 (170 kN)　(d) 第 5 364 帧 (11 kN)

图 3-36　**试件 28 的裂纹扩展过程**

到峰后特性都较为类似,只是工况 28 的峰值强度明显大于另外两个工况,达到了 51.98 MPa(另外两个试件的强度分别为 41.1 MPa 和 45.46 MPa)。造成这一现象的原因是:虽然每一个裂纹面夹角的三个工况试件都是使用同一次拌制的试验材料所制作,但由于拌制浇筑试件的过程中手工操作还是会有差异,造成试件密实度不同,最终造成了峰值强度差异较大的现象。

3.3.2.4　裂纹与加载方向成 30°角(工况 17、工况 22、工况 27)

工况 17(主裂纹 24 mm,次裂纹 4 mm,岩桥长度 18 mm,$\alpha=30°$)试验过程见图 3-38。

工况 22(主裂纹 24 mm,次裂纹 6 mm,岩桥长度 18 mm,$\alpha=30°$)试验过程见图 3-39。

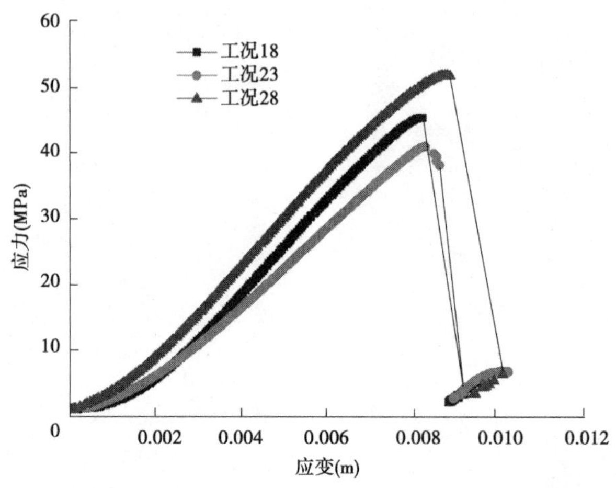

图 3-37　工况 18、工况 23、工况 28 的应力应变曲线

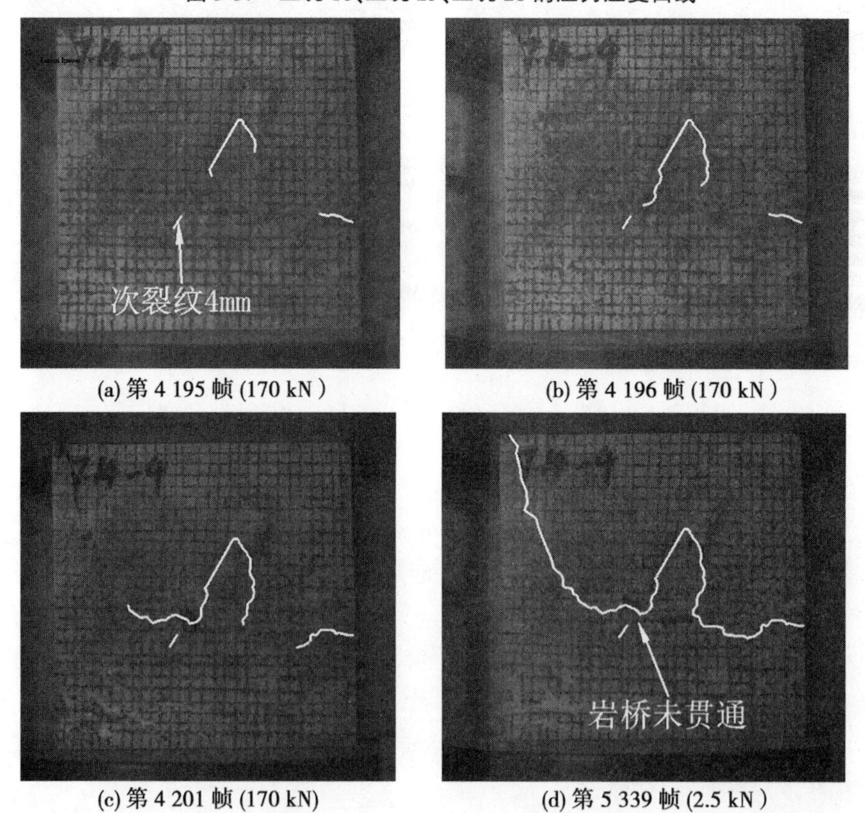

(a) 第 4 195 帧 (170 kN)　(b) 第 4 196 帧 (170 kN)

(c) 第 4 201 帧 (170 kN)　(d) 第 5 339 帧 (2.5 kN)

图 3-38　工况 17 的裂纹扩展过程

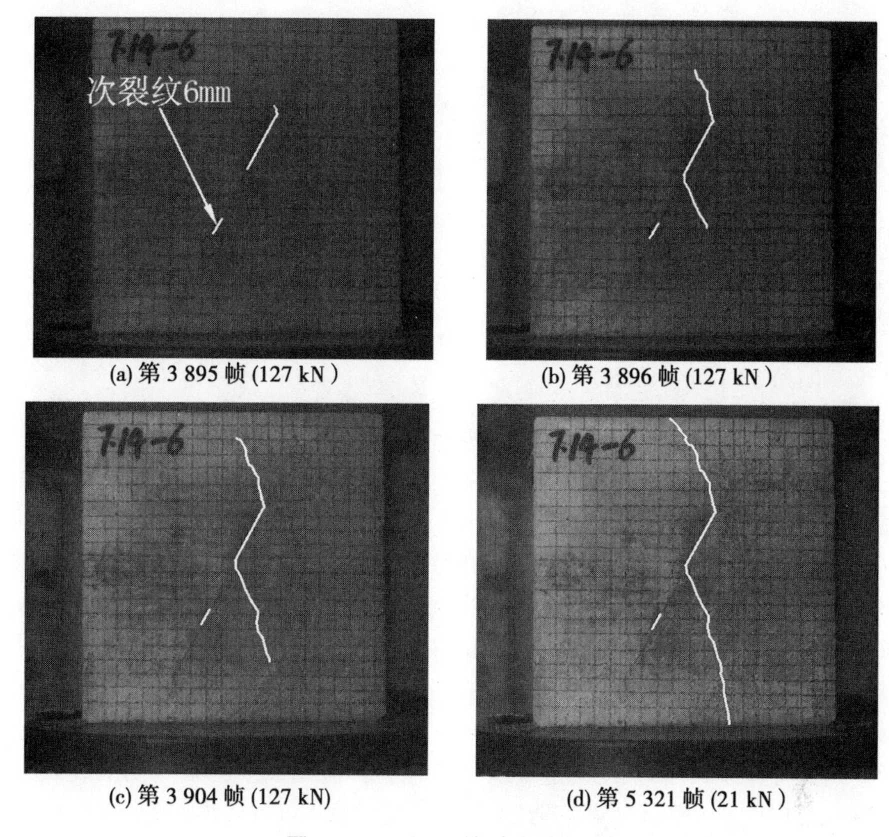

(a) 第 3 895 帧 (127 kN)　(b) 第 3 896 帧 (127 kN)

(c) 第 3 904 帧 (127 kN)　(d) 第 5 321 帧 (21 kN)

图 3-39　工况 22 的裂纹扩展过程

工况 27(主裂纹 24 mm,次裂纹 8 mm,岩桥长度 18 mm,$\alpha=30°$)试验过程见图 3-40。

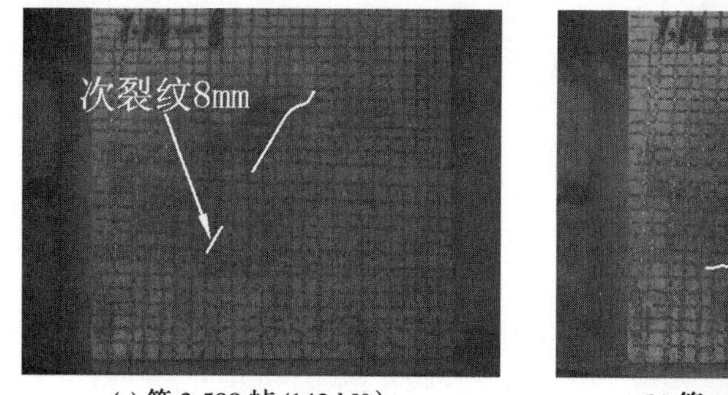

(a) 第 3 588 帧 (143 kN)　(b) 第 3 589 帧 (143 kN)

图 3-40　工况 27 的裂纹扩展过程

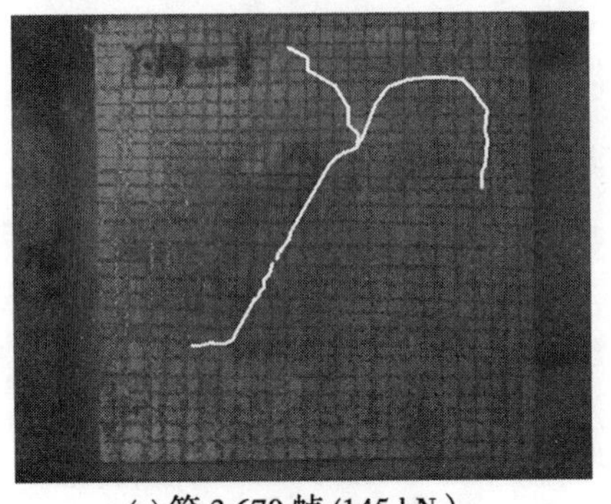

(c) 第 3 670 帧 (145 kN)

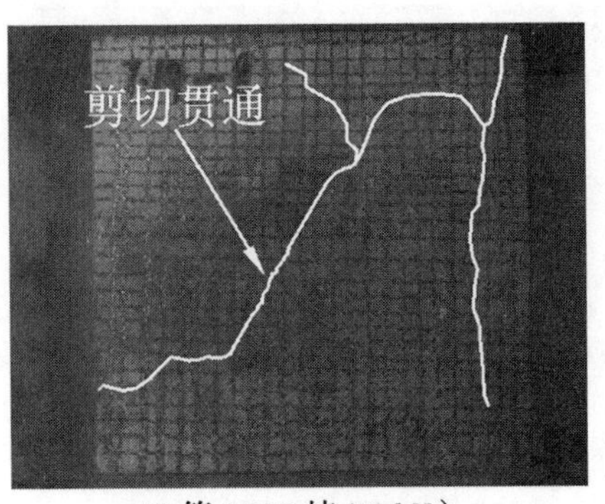

(d) 第 5 310 帧 (11 kN)

续图 3-40

随着裂纹面同加载方向的夹角变化为 30°,这一角度下的试验结果又发生了改变。预制裂纹为 4 mm 的工况 17 试件在整个试验过程中仍然没有发生主次裂纹的连接贯通。虽然主裂纹的内外尖端在荷载达到 170 kN 时同时开始扩展,但是主裂纹内尖端裂纹的扩展路径并没有和次裂纹发生搭接,裂纹在接近次裂纹内尖端时走向发生了偏转,向试件左上角发展并扩展至了试件边缘,未能使得岩桥贯通破坏,如图 3-38(d)所示。预制 6 mm 次裂纹的工况 22 试件最先开始扩展的是主裂纹的外尖端,随后内尖端也开始向下发展,最终形成纵向贯穿试件的裂纹,主裂纹内尖端新扩展的裂纹也未能同次裂纹发生搭接,如图 3-39 所示。从工况 27 的试验过程照片可以看出,当次裂纹长度

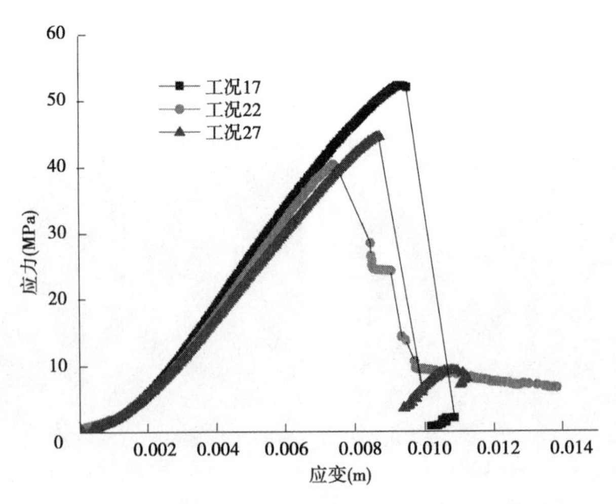

图 3-41　工况 17、工况 22、工况 27 的应力应变曲线

增加到 8 mm 时,次裂纹明显同主裂纹发生了相互影响,主次裂纹的内外尖端在扩展后迅速搭接贯通形成剪切破坏,如图 3-40 所示。在上一批次的试验中预制 6 mm 次裂纹的试件发生了岩桥贯通破坏,而在裂纹面夹角减小为 30°时,次裂纹对主裂纹扩展的影响已经明显减弱,预制的 6 mm 次裂纹在试验过程中已经看不出有影响主裂纹扩展路径的迹象,这表明在裂纹面同加载方向夹角变小的趋势下,主次裂纹之间的相互影响是趋于减弱的。

3.3.2.5 裂纹与加载方向成 0°角(工况 16、工况 21、工况 26)

工况 16(主裂纹 24 mm,次裂纹 4 mm,岩桥长度 18 mm,$\alpha=0°$)试验过程见图 3-42。

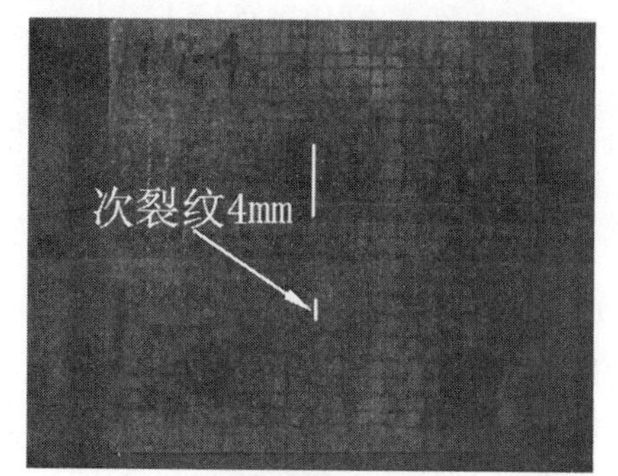

(a) 第 1 帧 (0 kN)

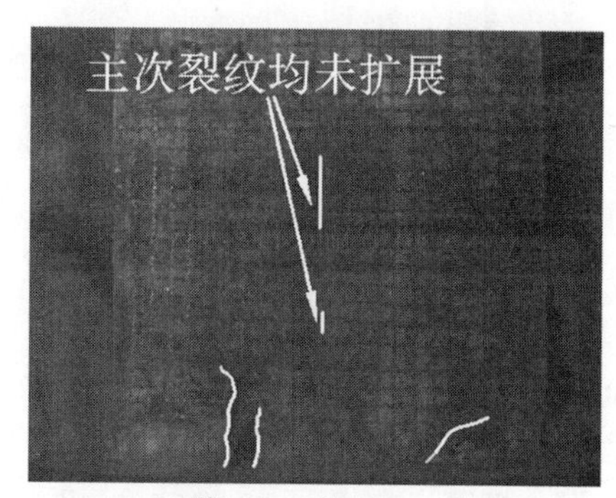

(b) 第 4 454 帧 (188 kN)

图 3-42 工况 16 的裂纹扩展过程

工况 21(主裂纹 24 mm,次裂纹 6 mm,岩桥长度 18 mm,$\alpha=0°$)试验过程见图 3-43。

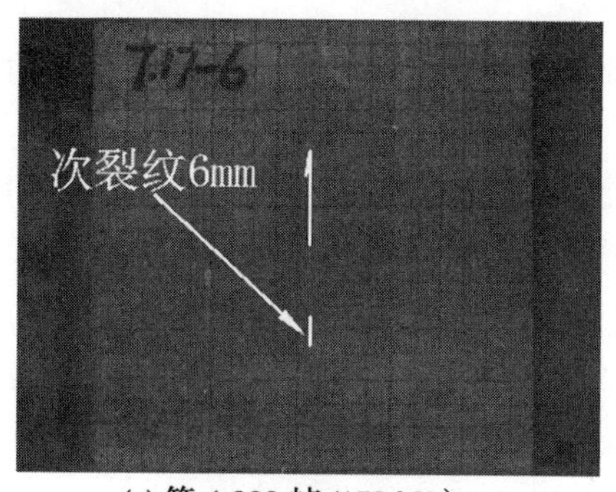

(a) 第 4 003 帧 (170 kN)

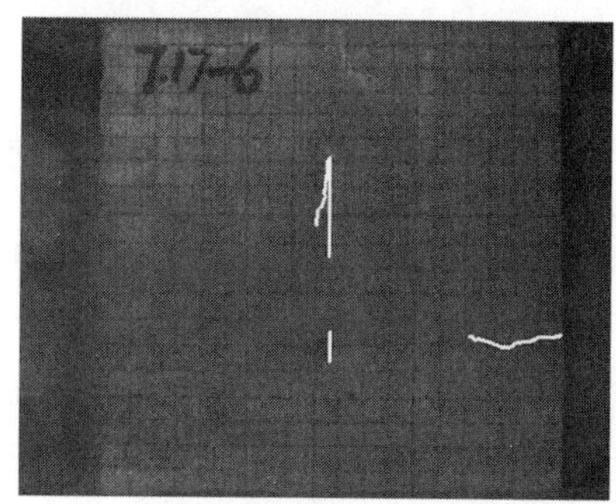

(b) 第 4 004 帧 (170 kN)

图 3-43 工况 21 的裂纹扩展过程

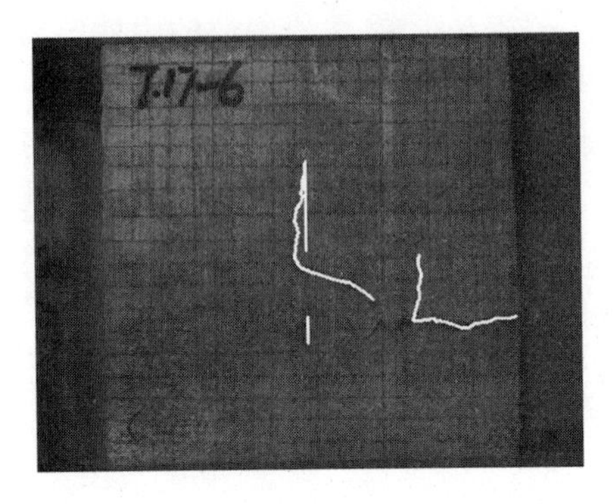

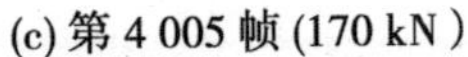
(c) 第 4 005 帧 (170 kN)

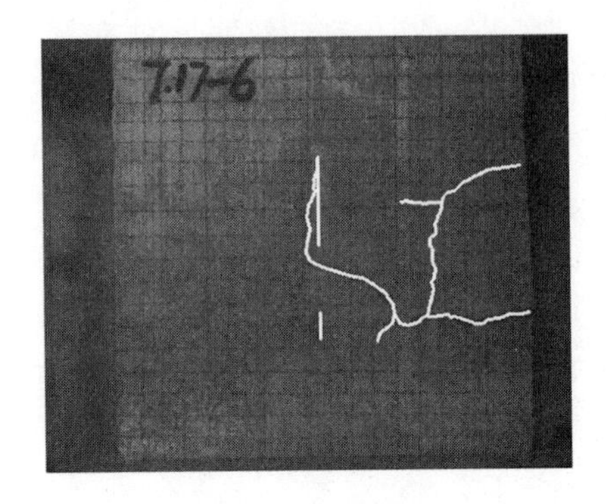

(d) 第 5 210 帧 (6 kN)

续图 3-43

工况 26(主裂纹 24 mm,次裂纹 8 mm,岩桥长度 18 mm,$\alpha=0°$)试验过程见图 3-44。

这一批三个试件的预制裂纹都是平行于加载方向设置的,裂纹面同加载方向夹角为 0°。在上述 90°、60°、45°以及 30°夹角裂纹面的试验里,预制的 4 mm 次裂纹在试验过程中都没有发生扩展,这表明了当次裂纹尺度小到一定程度之后,其对主裂纹的影响是很微弱的,并且其自身也很难积聚足够的能量来发生扩展。在工况 16 的试验过程中,预制的 4 mm 次裂纹同样没有发生扩展,同之前其他角度裂纹面的试验结果一致。预制 6 mm 和 8 mm 次裂纹的试件在试验过程中虽然主裂纹都发生了扩展,但是次裂纹并未随着长度的增加而发生扩展,主裂纹在扩展过程中也未同次裂纹贯通,见图 3-43 和图 3-44。在预制裂纹面同加载方向成 0°角的情况下,试件的强度相对于之前的试验工况较高,从图 3-45 的三条试验应力应变曲线可以看出,工况 16、工况 21 和工况 26 试件的最终破坏强度都达到了 50 MPa 以上,其中预制 4 mm 次裂纹的工况 16 峰值强度达到了 58. 64 MPa,高于其他 29 个工况试件的破坏强度。造成这一情况的原因首先是预制的次裂纹长度 4 mm 是最短的,对试件截面的削弱也最小;其次工况 16 的预制裂纹面平行于加载面也是使得试件强度增高的原因,这一原因将在本书 3. 4 中给予分析。另外一个值得注意的现象是,当试件强度增高时,试件在破坏时一瞬间的能量释放也会异常的激烈,首先是在试验中发现伴随着试件的破坏产生巨大的声响;其次是裂纹的扩展也会更为迅速和猛烈,裂纹在扩展的路径上会释放出大量的弹性能使得在裂纹尖端处的试块崩裂出来,这一现象被高速相机所捕捉到,如图 3-44(c)、(d)所示。

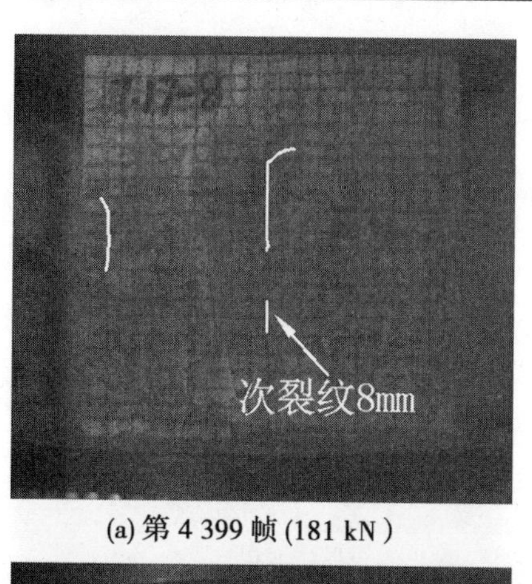

(a) 第 4 399 帧 (181 kN)

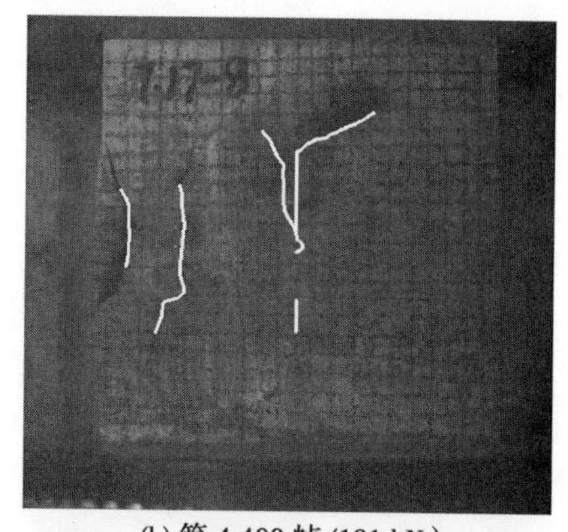

(b) 第 4 400 帧 (181 kN)

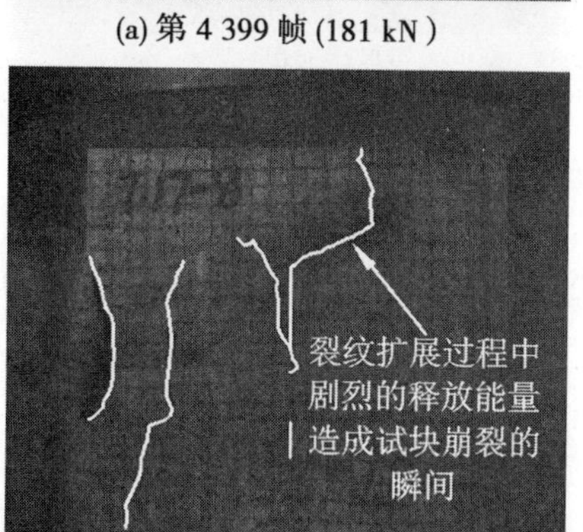

(c) 第 4 401 帧 (181 kN)

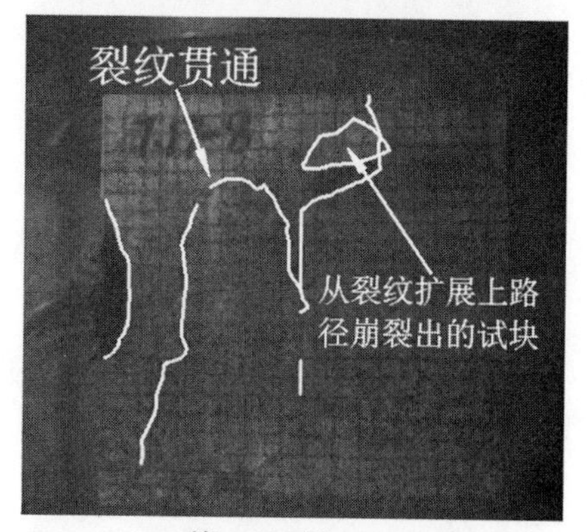

(d) 第 4 404 帧 (181 kN)

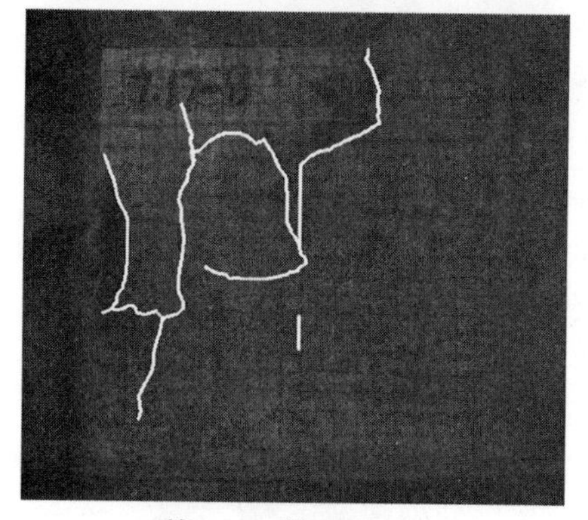

(e) 第 4 408 帧 (181 kN)

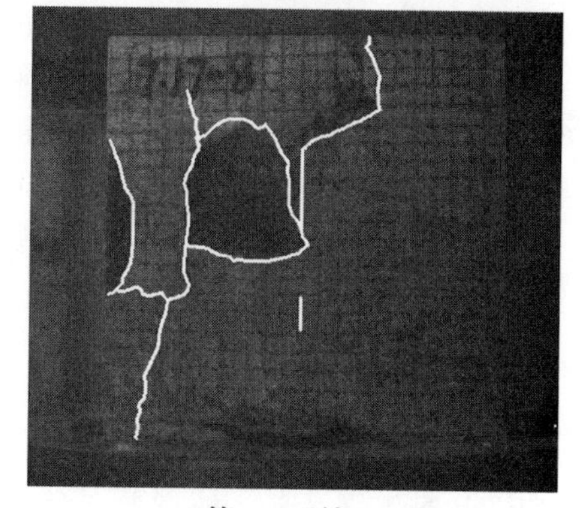

(f) 第 5 304 帧 (2 kN)

图 3-44　工况 26 的裂纹扩展过程

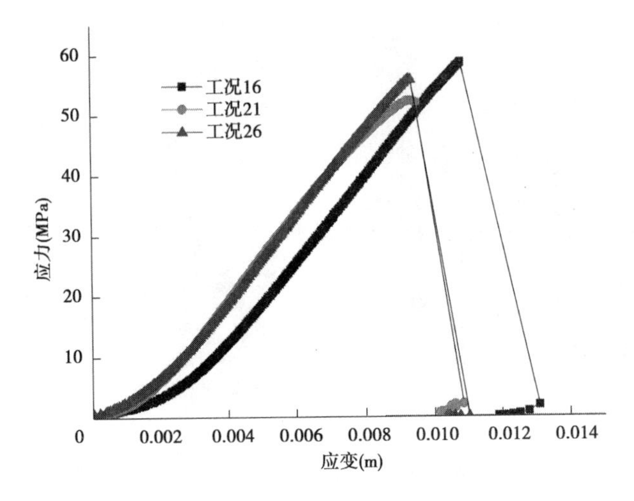

图 3-45　工况 16、工况 21、工况 26 的应力应变曲线

3.4　试验结果分析

3.4.1　两预制裂纹的扩展与贯通机制分析

材料的断裂一般被认为是外力增加时造成材料内部的裂纹快速扩展的过程,裂纹从萌生到扩展可以分为三个阶段:①在加载初期荷载很小裂纹没有扩展,但是裂纹的边缘由于应力集中而破坏增加;②随着荷载的增加裂纹平稳增加;③当荷载增大到材料破坏强度时,裂纹快速地进入不稳定扩展状态,见图 3-46。从图中可以明显地看到,在裂纹尖端边缘分为几个不同的区域:正对着裂纹尖端的是作用区(process region)。毗邻作用区的是激活区(wake),包含在激活区外围的是塑性区(plastic region),裂纹周边这三种区域以外的是弹性区(elastic region)。这些区域划分是理论分析中经常用到的概念,大量的文献对这些区域进行了系统的分析,在此不再赘述。

国内有学者对裂纹的扩展采用统计的描述,建立了确定性的裂纹扩展模型,定义的是长度为 c 的初始裂纹,其扩展速率表示为:

$$d_a/d_t = H \tag{3-1}$$

式中,H 是 a 以及若干体现荷载与材料力学性质的确定性函数。在随后的研究中,人们在此研究基础上推导出更具有普遍性的扩展模型:

$$d_a/d_t = h \tag{3-2}$$

此时,式中的 h 是一个随机变量,而不是确定性函数,并且设定存在一个

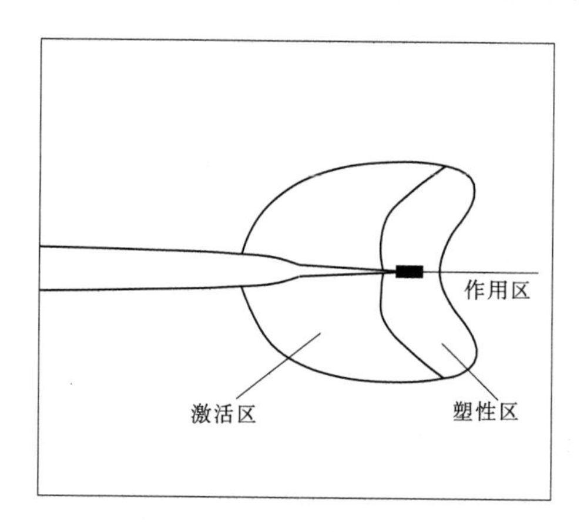

图 3-46 裂纹尖端的分区

截断尺度 c_1，当 $c \leqslant c_1$ 时 $h=0$。材料中裂纹扩展速率的增加与减少取决于裂纹所处的局域条件同整体宏观平均条件的随机偏离程度，以上的公式比较适用于定性或定量地分析材料中裂纹的随机扩展情况，但是岩体中的裂纹同理论模型中假定的情况有较大的差异，并且岩体在实际受力过程中裂纹扩展时间的统计也是极为困难的，岩体发生突然失稳或破坏导致岩体中裂纹不稳定扩展的时间极短，很难准确地统计到精确的时间。因此，本书的研究重点在于通过高速摄像技术捕捉预制双裂纹的类岩石材料在失稳破坏时预制裂纹的起裂点以及裂纹之间的相互作用机制。

为了研究两条不等长裂纹在荷载作用下的相互作用以及贯通机制，本研究通过改变岩桥长度以及裂纹面同加载方向的夹角，在工况组 1 中设置了 15 种裂纹几何形态来研究在改变岩桥长度以及裂纹面夹角时主次裂纹的扩展演化形态的改变。在本章第 3.2 节中，详细罗列了高速摄像系统在试验过程中所捕捉到的主次裂纹扩展的动态画面，以及裂纹扩展的先后顺序。可以从试验图片中看出，大多数含预制裂纹的试件在单轴受压过程中都产生了很多新的裂纹，依据破坏形态可以把这些裂纹划分为拉裂纹（tensile crack）（有些文献中称为翼裂纹，wing crack）、剪裂纹（shear crack）和混合裂纹（mixed crack，由拉裂纹和剪裂纹共同组成），主生（primary）裂纹以及次生（secondary）裂纹，如图 3-47 所示。产生各种类型裂纹的原因是类岩石材料试件中存在随机分布的微裂纹或小孔洞，当受到外力作用时，由于不均匀材料存在传力速率不同以及微缺陷的存在，使得试件内部应力场分布不均匀，造成局部应力集中，最终导致试件最薄弱部位产生裂纹起裂，裂纹起裂后又受到周围微裂纹等缺陷的影响产生了各种类型的裂纹。

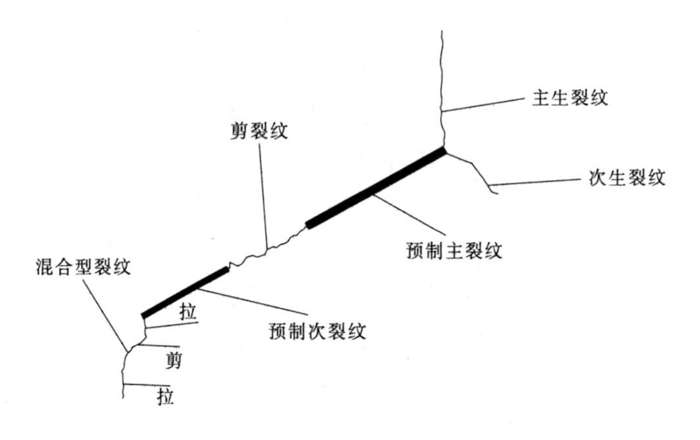

图 3-47　裂纹类型示意图

从各个试件的试验图片可以看出,试件在试验过程中产生的裂纹主要以拉裂纹居多(也称为翼裂纹),并且裂纹扩展之后一般都会转向最大主应力方向(加载方向)生长。图 3-48 显示了裂纹扩展过程中的受力分布,从图中可以看出产生拉裂纹的主要原因是裂纹受到了径向的拉力导致闭合压力减小而张开。拉裂纹一般产生于预制裂纹的尖端,产生的原因是裂纹尖端应力场的集中、叠加使得裂纹聚集在一起、萌生、扩展和贯通,这一系列过程是脆性材料裂纹扩展破坏的主要原因。一般把首先萌生出来的裂纹叫主生裂纹,主生拉裂纹一般产生于预制裂纹的两尖端并转向加载方向各自往上下发展。有时当主生裂纹扩展一段距离后,在原裂纹萌生点会再萌生出新的裂纹叫作次生裂纹。无论是主生裂纹还是次生裂纹,其在萌生和扩展过程中都会释放大量的能量,这从试验中高速相机捕捉到的裂纹扩展过程中其尖端附近有剧烈的试块崩裂现象就可以看出,如图 3-44(c)、(d)所示。剪裂纹是当试件中剪应力超过一定阈值后产生的裂纹,通常沿着最大绝对剪应力面扩展,一般情况下此方向与45°倾角的预制裂纹共面(coplanar)或者近似共面(见图 3-31 工况 24 试件和图 3-40 工况 27 试件试验过程照片)。剪裂纹受力状态如图 3-48 所示,沿着裂纹面方向的滑动应力使得预制裂纹或扩展裂纹产生相对滑移,这种剪切的效应会使裂纹面之间产生很大的滑动摩擦。压裂纹是指当试件中的压应力超过一定阈值后产生的裂纹,这类裂纹的特点是表面有压碎的碎块或碎屑出现,压裂纹通常出现在双轴加载作用下预制裂纹的扩展和贯通试验,而本书试验所采用的加载方式为单轴压缩,所以本书中几乎没有出现压裂纹。

当两条预制裂纹扩展并接近至一定距离时,裂纹之间将会产生很强的相互影响效应,这种效应会促使裂纹相互“吸引”而一起扩展,最终会导致裂纹

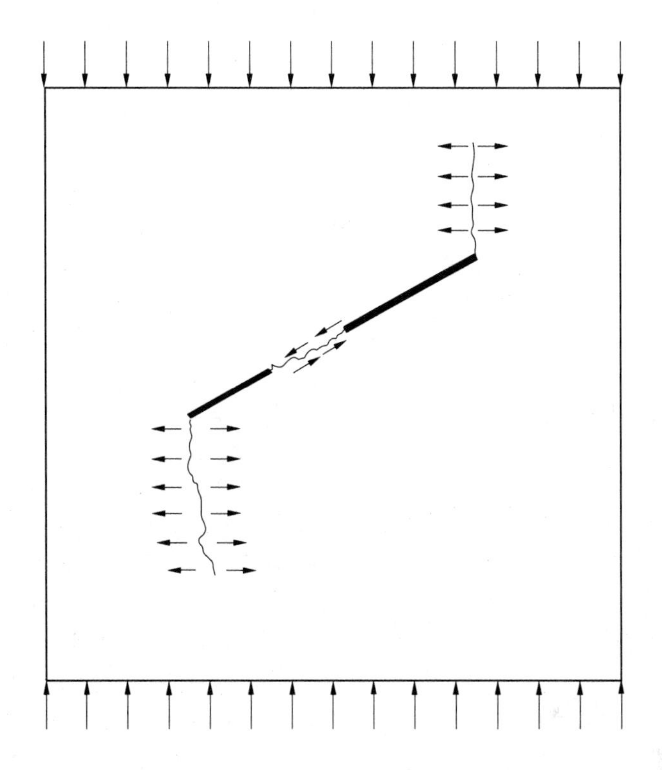

图 3-48　拉剪裂纹受力分析示意图

搭接贯通形成裂纹带。以往的研究将两条预制裂纹的连接贯通模式分为三种，分别是：由剪应力造成裂纹贯通的剪模式（shear mode），由拉应力造成的拉裂纹（翼形裂纹）贯通的拉模式（tensile mode），前面两种作用力共同作用引起的混合模式（mixed mode），如图 3-49 所示。林鹏通过物理试验和数值试验将设置两条裂纹试样裂纹的贯通模式更进一步归类为五种，又增加了牵引贯通模式（traction mode）和压贯通模式（compression mode），牵引贯通模式是由两条预制裂纹尖端应力场和周围区域应力场共同作用所形成的，实质上是可以归类为混合模式。而压贯通是由压应力集中造成许多小拉裂纹汇集成核引起的。由于本书中出现的主要是前四种贯通破坏模式，所以仅对这四种破坏模式做简单解释。

剪破坏模式：一般把由两个剪应力引起的裂纹相连接而造成裂纹间的贯通形式称为剪贯通模式。见图 3-31 工况 24 试件和图 3-40 工况 27 试件试验过程照片，扩展裂纹沿着原预制裂纹角度发展并最终连接贯通，这些试件都是发生了较为典型的剪贯通。从试验结果来看，剪贯通模式一般出现在预制裂

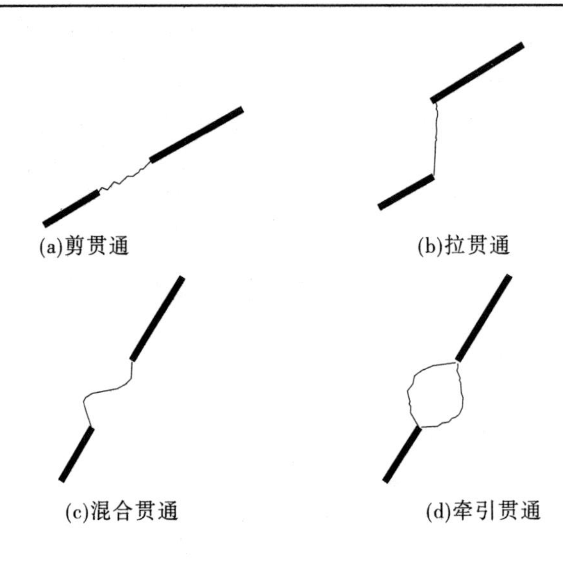

图 3-49　两裂纹贯通的四种基本模式示意图

纹同加载方向成 30°～60°夹角的情况下,因为在这一角度范围内,试件的绝对剪应力值最高,当预制裂纹缺陷也以这一角度存在于试件中时更进一步加剧了在这个角度范围内的破坏可能性,试件发生剪贯通破坏时的峰值强度一般都比较低。

拉破坏模式:由于翼形裂纹(拉裂纹)是由试件受到压缩时产生侧向膨胀的拉应力所引起的,所以通常把这种贯通模式定义为拉贯通模式。本书中所设置的预制裂纹都是共面裂纹,岩桥角度始终和预制裂纹面一致,所出现的拉破坏均是由预制裂纹所产生的翼裂纹同试件端部产生的翼裂纹贯通形成的。

混合破坏模式:当预制裂纹由剪裂纹和拉裂纹相连接贯通而成时,一般把这种由剪应力和拉应力共同作用而产生的贯通模式统称为混合模式,有些文献也将这种模式称为拉剪破坏模式。

牵引贯通破坏模式:当两条预制裂纹之间产生了两条以上的贯通裂纹时,见图 3-36 工况 28 试件的破坏情况,称为牵引贯通模式,这种贯通模式通常是由双拉贯通或剪贯通和混合贯通的多组贯通,有些学者也将这种贯通模式归类为Ⅱ型的混合贯通模式。

3.4.2　不同几何参数预制裂纹的扩展与贯通对比分析

本书设置了共计 30 种裂纹几何参数的工况,为了便于对不同几何参数试件的试验结果进行对比分析,现将所有试件的试验结果汇入表 3-4,表中分别列出了各个工况试件的主次裂纹是否起裂、最初的裂纹起裂点、岩桥是否贯通以及贯通模式和最终试件的破坏强度。

表 3-4 工况组 1 试件破坏形态统计

工况组 1:主裂纹 $2a=24$ mm 次裂纹 $2c=12$ mm 岩桥长度 $2b$ 裂纹面倾角 α						
项目	主裂纹	次裂纹	最初起裂位置	岩桥	裂纹贯通模式	峰值强度(MPa)
工况 1 $\alpha=0°;2b=12$ mm	未扩展	未扩展	试件侧边	未贯通	—	47.07
工况 2 $\alpha=30°;2b=12$ mm	扩展	扩展	主裂纹内、外尖端	贯通	混合模式	46.28
工况 3 $\alpha=45°;2b=12$ mm	扩展	扩展	主裂纹外尖端	贯通	剪切模式	36.55
工况 4 $\alpha=60°;2b=12$ mm	扩展	未扩展	主裂纹内尖端	未贯通	—	36.39
工况 5 $\alpha=90°;2b=12$ mm	扩展	未扩展	主裂纹内尖端	贯通	剪切模式	36.67
工况 6 $\alpha=0°;2b=18$ mm	未扩展	未扩展	试件下端	未贯通	—	48.82
工况 7 $\alpha=30°;2b=18$ mm	扩展	未扩展	主裂纹外尖端	未贯通	—	48.71
工况 8 $\alpha=45°;2b=18$ mm	扩展	扩展	主裂纹内尖端 次裂纹外尖端	贯通	混合模式	45.74
工况 9 $\alpha=60°;2b=18$ mm	扩展	扩展	主裂纹外尖端 次裂纹内尖端	贯通	混合模式	45.45
工况 10 $\alpha=90°;2b=18$ mm	扩展	未扩展	主裂纹外尖端	未贯通	—	41.54
工况 11 $\alpha=0°;2b=24$ mm	未扩展	未扩展	—	未贯通	—	51.64
工况 12 $\alpha=30°;2b=24$ mm	未扩展	未扩展	试件右下端	未贯通	—	51.14
工况 13 $\alpha=45°;2b=24$ mm	扩展	未扩展	主裂纹外尖端	未贯通	—	42.19
工况 14 $\alpha=60°;2b=24$ mm	扩展	扩展	主裂纹外尖端	贯通	混合模式	43.75
工况 15 $\alpha=90°;2b=24$ mm	扩展	未扩展	主裂纹外尖端	未贯通	—	37.35

从表 3-4 可以看出,预制裂纹同加载方向平行布置的试件均没有发生预制裂纹扩展,这种结果同已有的理论分析结论不相符,作者在试验结束后对试件进行检查发现部分试件的预制裂纹实际上已经起裂,只是裂纹起裂后发生了扭转扩展在试件内部发展而未能在试件的表面体现出来,使得裂纹扩展呈现三维发展的趋势,而本书研究的重点是二维平面内裂纹的扩展规律。造成这种现象的原因主要有两点,首先是试件材料本身的各向不均匀性使得裂纹发展具有一定的随机性,尽管作者在最初试验设计时考虑到了这一因素而设计试件在厚度方向为 30 mm,远小于试件的长度和宽度,减小材料性质在厚度方向上变化的条件,但是试验过程中依然还是会偶尔出现裂纹扭转扩展的情况;其次是试件在加载过程中仍然会存在"套箍效应"限制试件横向膨胀,尽管在试验开始之前已经在试验机加载台以及试件加载面涂抹了一层爽身粉以减小摩擦力,但是在实际试验过程中仍然不能完全消除试件同加载台的摩擦力,从而使得试件在端部受到一定的约束,一定程度上使得预制裂纹的发展受到限制,同时使得试件强度增大。作者在首批工况 1、工况 6、工况 11 试件试验结束后发现这一现象,及时对试验流程进行了一些改进,使得后续工况试件的试验结果有所改观。

表 3-5　工况组 2 试件破坏形态统计

工况组 2:主裂纹 $2a=24$ mm　岩桥长度 $2b=18$ mm　次裂纹长度 $2c$　裂纹面倾角 α

项目	主裂纹	次裂纹	最初起裂位置	岩桥	裂纹贯通模式	峰值强度(MPa)
工况 16 $\alpha=0°;2c=4$ mm	未扩展	未扩展	试件下端	未贯通	—	58.64
工况 17 $\alpha=30°;2c=4$ mm	扩展	未扩展	主裂纹内、外尖端	未贯通	—	52.32
工况 18 $\alpha=45°;2c=4$ mm	扩展	未扩展	主裂纹外尖端	未贯通	—	45.46
工况 19 $\alpha=60°;2c=4$ mm	扩展	未扩展	主裂纹内、外尖端	未贯通	—	43.24
工况 20 $\alpha=90°;2c=4$ mm	扩展	未扩展	主裂纹内尖端	未贯通	—	42.42
工况 21 $\alpha=0°;2c=6$ mm	扩展	未扩展	主裂纹外尖端	未贯通	—	51.52

续表 3-5

工况组 2:主裂纹 $2a=24$ mm　岩桥长度 $2b=18$ mm　次裂纹长度 $2c$　裂纹面倾角 α						
项目	主裂纹	次裂纹	最初起裂位置	岩桥	裂纹贯通模式	峰值强度(MPa)
工况 22 $\alpha=30°;2c=6$ mm	扩展	未扩展	主裂纹外尖端	未贯通	—	38.48
工况 23 $\alpha=45°;2c=6$ mm	扩展	扩展	主裂纹外尖端 次裂纹外尖端	贯通	混合模式	41.10
工况 24 $\alpha=60°;2c=6$ mm	扩展	扩展	主裂纹外尖端	贯通	剪切模式	47.21
工况 25 $\alpha=90°;2c=6$ mm	扩展	未扩展	主裂纹内尖端	未贯通	—	38.79
工况 26 $\alpha=0°;2c=8$ mm	扩展	未扩展	主裂纹内、外尖端	未贯通	—	55.81
工况 27 $\alpha=30°;2c=8$ mm	扩展	扩展	主裂纹外尖端	贯通	剪切模式	44.54
工况 28 $\alpha=45°;2c=8$ mm	扩展	扩展	主裂纹外尖端	贯通	牵引模式	51.98
工况 29 $\alpha=60°;2c=8$ mm	扩展	扩展	次裂纹外尖端	贯通	混合模式	37.77
工况 30 $\alpha=90°;2c=8$ mm	扩展	未扩展	主裂纹外尖端	未贯通	—	41.18

从图 3-50 可以看出,试件的峰值强度随着裂纹角度、岩桥长度以及次裂纹长度的变化而产生变化。从裂纹角度对峰值强度的影响来看,裂纹面与加载方向平行时(裂纹角度 0°)试件的强度最高,随着裂纹面与加载方向的夹角逐渐增大,试件的峰值强度逐渐降低,在接近 45°左右时,峰值强度下降最为明显,因为在单轴加载条件下,这一角度比较接近最大剪应力面,导致了试件强度的下降。从图 3-50(a)可以看出,岩桥长度的变化也会使试件的峰值强度产生变化,在主次裂纹长度以及裂纹角度相同的情况下,岩桥长度越小,试件的峰值强度越低,这是因为岩桥长度越小意味着主次裂纹之间的间距越小,裂纹在荷载作用下也越容易贯通而形成大裂纹,造成了试件峰值强度降低的现象。次裂纹长度对峰值强度的影响也是如此,次裂纹长度越大造成试件初始缺陷也越大,使得试件峰值强度降低,如图 3-50(b)所示。

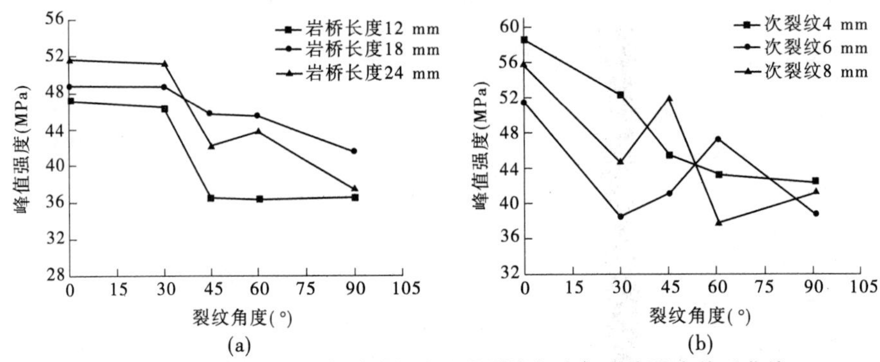

图 3-50　岩桥长度、次裂纹长度以及裂纹角度与峰值强度关系曲线

从上面的试验结果统计表可以看出,几乎所有的工况试件中预制的较大尺度(24 mm)的主裂纹都在外部荷载的作用下发生了扩展,而同一试件内的较短尺度的次裂纹则并不一定都在试验过程中扩展。从主次裂纹的岩桥长度变化情况来看,岩桥长度为 12 mm 时,次裂纹在工况 2($\alpha=30°$)和工况 3($\alpha=45°$)试件中发生了扩展;当岩桥长度增长为 18 mm 时,次裂纹在工况 8($\alpha=45°$)和工况 9($\alpha=60°$)试验过程中次裂纹发生了裂纹扩展;而当岩桥长度增大到 24 mm 时,只有工况 14($\alpha=60°$)试件中的次裂纹扩展,这表明随着岩桥长度的增加,裂纹之间的相互影响会趋于减弱,次裂纹在荷载作用下发生扩展的概率会逐渐减小。而裂纹面角度的变化则对裂纹的扩展影响更大,可以从上面总结的裂纹是否发生扩展结果看出,在裂纹面倾角成 30°~60°的试件中预制裂纹更容易发生扩展而贯通。这是因为在这一角度范围内,试件内的剪应力绝对值较大,如果预制裂纹刚好也成这一角度分布,则更进一步削弱了这一角度下的截面,使得这一截面更容易发生应力集中而造成预制裂纹的扩展。

通过高速摄像系统捕捉到了试件当中裂纹扩展的瞬间,从而确定了在不同参数条件下各个试件当中裂纹的起裂点。在进行试验的 30 个工况当中,共有 14 个工况的试件裂纹最初的起裂是在预制主裂纹的外尖端开始的,4 个工况是主裂纹的内外尖端同时起裂,此外还有 2 个工况的试件是主裂纹外尖端和次裂纹同时起裂的。由此可见,对试件破坏起主导作用的是其中尺度较大的主裂纹,如果更进一步确定影响试件中裂纹失稳的关键点,则主裂纹的外尖端是在外力作用下起裂扩展的关键点。本书后续的数值试验研究中,再次验证了物理试验中出现的这一现象,在含不等长裂纹的模型中,最先起裂的点是尺度较大的主裂纹外尖端点。

从表 3-4 和表 3-5 可以看出,两条不等长预制裂纹是否贯通和岩桥的长度以及次裂纹长度有着很大的联系。工况组 1 中，在岩桥长度为 12 mm 的 5 个工况中，工况 2（$\alpha=30°$）、工况 3（$\alpha=45°$）、工况 5（$\alpha=90°$）发生了岩桥贯通，当岩桥长度增大到 18 mm 时，5 个工况中变为只有工况 8（$\alpha=45°$）、工况 9（$\alpha=60°$）发了岩桥贯通；而当岩桥长度进一步增大到 24 mm 时，发生岩桥贯通的仅仅只有工况 14 一个试件；工况组 2 中，预制次裂纹为 4 mm 的五个试件在试验过程中没有一个发生次裂纹扩展并与主裂纹搭接贯通的，而当次裂纹长度增大到 6 mm 时，工况 23（$\alpha=45°$）和工况 24（$\alpha=60°$）中的预制裂纹发生了岩桥贯通，随着次裂纹长度进一步增大至 8 mm，工况 27（$\alpha=30°$）、工况 28（$\alpha=45°$）和工况 29（$\alpha=60°$）中的预制裂纹搭接贯通。从这两大组工况试件的试验结果可以明显地看出两个趋势，在固定的裂纹长度下，随着岩桥长度的增加，预制裂纹之间的相互作用趋于减弱，发生岩桥贯通的试件也逐渐减少，当岩桥长度达到或者超过主裂纹的长度时，不等长裂纹间的相互影响已经相对较弱，此时试件较难发生岩桥贯通破坏。另一个明显的趋势是，在固定的岩桥长度下，随着次裂纹长度的逐渐减小，主、次裂纹之间的相互作用也会减弱，使得裂纹之间的岩桥区难以发生贯通破坏。从试验结果来看，在岩桥长度为 3/4 主裂纹长度时，次裂纹长度减小至主裂纹长度的 1/6 将会使得两裂纹间的相互作用可忽略不计，岩桥区将不会发生贯通，工况 16 至工况 20 的试验结果证实了这一结论。从发生裂纹贯通的模式来看，剪切模式多发生在岩桥长度较小两裂纹尖端相距较近的情况，随着岩桥长度的增大裂纹间的相互作用减弱，裂纹在扩展过程中受到其他影响裂纹走向的因素（试件侧向膨胀、微裂纹缺陷、材料的各向不均匀性等）干扰，会使得裂纹的贯通模式发生改变，形成混合贯通模式以及牵引贯通模式。

3.5　本章小结

本章从阐述国内外学者的相关研究成果入手，总结了各个学者或团队在预制裂纹扩展研究方面的成果，找到了之前学者较少涉足的研究方向，并有针对性地设置了 30 个工况试件，利用先进的高速摄像系统对裂纹的动态过程进行拍摄，从而捕捉到裂纹的起裂、扩展以及贯通破坏全过程。在国内外学者的研究成果基础上对预制裂纹的扩展与贯通机制进行分析，通过对 30 个工况试件的试验结果进行分析，得到了以下结论：

（1）当试件含有长度不等的初始裂纹缺陷进行加载时，对试件的失稳破坏起主导作用的是尺度较大的主裂纹，在试验过程中，几乎所有工况试件中的主裂纹都在试验过程中发生了扩展，尺度较短的次裂纹在加载过程中是否发生扩展，主要与岩桥的长度以及裂纹与加载方向的夹角有关。随着岩桥长度的增加，裂纹之间的相互影响会趋于减弱，次裂纹在荷载作用下发生扩展的概率会逐渐减小；当裂纹面与加载方向成30°~60°夹角时，试件中预制次裂纹更容易发生扩展而造成岩桥贯通。

(2)通过先进的高速摄像机系统捕捉到了脆性材料试件当中裂纹扩展的瞬间，确定了在不同几何参数条件下的各个试件当中预制裂纹的起裂点位置。在试验过程中发现，绝大多数的试件起裂是从预制主裂纹的外尖端开始的，进一步锁定了造成含不等长双裂纹试件裂纹失稳的关键点是主裂纹的外尖端。

(3)单轴荷载作用下，含两条不等长预制裂纹的试件是否产生岩桥贯通主要与岩桥长度、次裂纹长度以及裂纹面的倾角有关。在固定的裂纹长度下，随着岩桥长度的增加，预制裂纹之间的相互作用趋于减弱，发生岩桥贯通的试件也逐渐减少，当岩桥长度达到或者超过主裂纹的长度时，不等长裂纹间的相互影响已经相对较弱，此时试件较难发生岩桥贯通破坏。在固定的岩桥长度下，随着次裂纹长度的逐渐减小，主、次裂纹之间的相互作用也会减弱，使得裂纹之间的岩桥区难以发生贯通破坏，当次裂纹长度减小至主裂纹长度的1/6时，两裂纹间的相互作用已经小至可忽略不计，两裂纹将不会发生贯通。裂纹的贯通模式主要同岩桥长度以及裂纹面倾角有关。

4　不等长双裂纹扩展的变形场研究

4.1　数字散斑相关方法简介

4.1.1　数字散斑相关方法研究现状

数字散斑相关方法(digital speckle correlation method,DSCM)也可以叫作数字图像相关(DIC)和数字图像散斑相关(digital image speckle correlation,DISC)。数字散斑相关方法DSCM的基本计算原理是通过图像对比匹配分析试件加载前后表面散斑图的变化(变形前后的散斑变化),通过跟踪试件表面上各个记录点的位移而得到试件表面位移场,然后通过位移场计算得到应变场的一种光测力学变形量测方法。在数字散斑相关方法的算法中,进行图像匹配时一般是通过图像子区的相关性来表示不同图像上相应两个子区的相似程度,这一图像子区被称为“相关窗”,因此数字散斑相关方法的名字中保留了“相关”这个名词。DSCM具有全场测量、实时测量、光路简单、非接触性、对实际操作环境要求低、测量应用范围广泛的优点,数字散斑相关方法具备如此众多的优点,使得数字散斑相关方法从诞生至今不足30年的时间就成为了一种应用极为广泛的测量方法。

20世纪80年代由日本学者I Yamaguchi和美国南卡罗来纳大学的W. H. Peters和W. F. Ranson等最先提出了数字散斑相关方法的思想。自DSCM方法问世以来,由于其具备的诸多优点,国内外许多学者开始从事这一领域的研究。1983年Peters最早实际应用数字散斑相关方法对刚体位移进行了测量研究。与此同时,M. A. Sutton通过使用粗、细相关相结合的方法提高了原算法的计算效率进而提升了计算的速度,对DSCM方法进行了改进,但此时DSCM的计算结果只有位移分量。在此后的20多年中,美国南卡罗来纳大学在Sutton教授团队领导下,始终从事着DSCM的研究和开发,是DSCM研究领域的核心。我国的DSCM方法研究起步较晚,目前国内几个主要的研究开发组有:清华大学的金观昌研究组、中国科技大学伍小平研究组、西安交通大学的谭玉山研究组、东南大学的何小元研究组、天津大学的秦玉文研究组等,国内的研究人员通过近些年的研究使得 DSCM 的理论以及应用研究取得了大量的研究成果。通过对 DSCM 这近 30 多年的发展的总结,可以将 DSCM 的研究方向归纳为两个方面:一是对 DSCM 展开新理论和新算法的研究;二是研究 DSCM 在不同工程领域的应用。

本书通过预先对试件进行人工制斑(网格),采用 DSCM 对预制不等长双裂纹试件的连续试验图像进行分析,获得了试件在试验过程中连续的全场位移图以及不同荷载作用下的试件表面应变云图。

4.1.2　数字散斑相关方法基本原理

数字散斑相关方法的基本原理是通过对比在不同荷载作用下或者变形过程中不同的两幅试样图像的差异,分析图像中各个位移点的位置变化,从而得到试样面内位移的一种量测方法,在测得位移量的基础上通过计算还可以求得面内的名义应变场。软件的具体运行流程为:选择两张试件图像并确定其中一张为初始图像,在初始图像中选择一小块区域(一般定义为子窗口)作为样本子集,随后在第二张变形后的图像中匹配相同大小的样本子块与之前的样本子集进行比较,当匹配到与初始样本子集具有相同特性的图像子块之后(一般把前者子区定义为样本子区,后者定义为目标子区),然后通过对比二者子块所处图像标记区域的位置差异从而获得变形量,对比过程中是通过两幅图像的灰度值来获得两者之间的特性差异。

运用统计学原理可以将上述两个子区对应地建立为一个数学标准模型,用离散函数来表示样本子区同目标子区匹配区域内各点的灰度值:变形前初始的数字图像可表示为:

$$F = \{f(x,y) \mid x = 1,2,\cdots,M;y = 1,2,\cdots,N\} \tag{4-1}$$

变形之后的数字图像可表示为

$$G = \{g(x,y) \mid x = 1,2,\cdots,M;y = 1,2,\cdots,N\} \tag{4-2}$$

上式中的 M 和 N 表示图像的大小,单位是像素。在具体的运算中,假设变形前图像中的某一记录点位置为 $f(x,y)$,那么变形后图像中该点的位置为:

$$\left.\begin{aligned} x' &= x + u(x,y) \\ y' &= y + v(x,y) \end{aligned}\right\} \tag{4-3}$$

式中:u、v 为记录点在变形后的水平、垂直位移量。

如果忽略图像采集时的外界光影环境影响,则变形后记录点的图像灰度值不变,即:

$$f(x,y) = g(x',y') = g(x + u,y + v) \tag{4-4}$$

但在实际测量过程中,是很难通过在变形后图像中匹配比较像素点灰度值来确定该点是变形之前所对应的同一像素点的。所以,在初始变形前的图像中以记录点 $f(x,y)$ 为中心选取该点周围的一片以 $m\times n$ 像素为大小的区域 S 作为散斑点。那么在变形之后相对应的图像中可以搜索到一个相同像素的区域 $S' \in G$ 与之前的区域匹配,这一区域的中心点为 $g(x',y') = P'$。通过分析可以发现,要使得上述结论成立需要满足三个假设:

(1)散斑软件所研究对象变形只能是平面内位移或试件的离面位移可以小到忽略不计。

(2)散斑记录点在变形前后必须作为刚体并且只发生平行移动。

(3)研究对象表面上的各点的图像灰度值要在变形前后保持不变。所以,在试验过程中要保证整个摄像系统的工作条件不变,并且散斑点的面积要合适,不宜过大或过小。

DSCM 的变形原理如图 4-1 所示,在初始变形之前的图像中选取 $P(x,y)$ 点作为中点,取 $M=N=3$,也就是取长宽各 3 个像素的正方形散斑区域 S 作为样本子集,在变形之后的图像中经过匹配对比找到了以 $P'(x',y')$ 为中点的 3×3 像素区,如果这一区域大小同原区域相同,且满足三个假设,那么就可以认为这两个区域的相对变形量就是两点(P 和 P')之间的位移量。在定义了 DSCM 中位移的计算方法后,假定研究对象应变基于小变形平面问题的柯西应变,就可以通过弹性力学中的柯西应变的求解方式来计算出试件表面的应变。

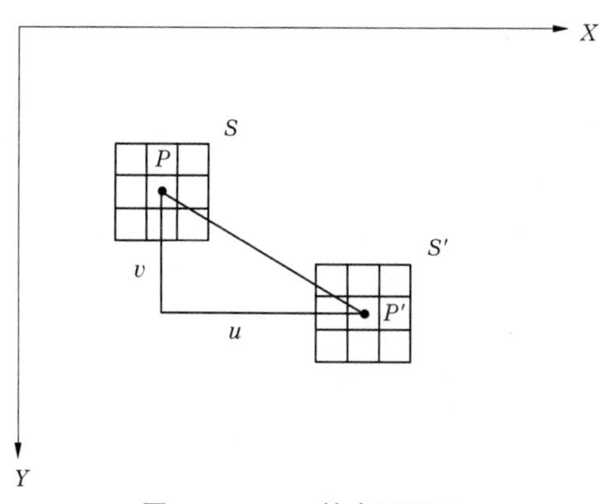

图 4-1 DSCM 的变形原理

判断试件变形前与变形后两个图像子区是否匹配是确定试件变形之后散

斑点位置的关键,判别匹配与否的依据是它们的相关系数。近些年,国内外学者针对相关系数做了大量的研究工作,但是采用不同的相关系数计算所得的精度各不相同,并非所有的相关系数都适用于岩石或类岩石材料的试验研究,采用何种相关系数需要根据具体的试验对象来进行选择。清华大学的金观昌教授对之前学者针对相关系数所做的大量研究进行总结和比较分析,归纳出适用于数字散斑相关方法的相关系数。本书数字散斑相关方法所使用的相关系数是目前这一领域学者使用较为广泛,并且经过实践验证效果最好的三种相关系数,其具体表达式见式(4-5)~式(4-7)。

$$C_n = \frac{\sum\sum[f(x,y)g(x',y')]}{\{\sum\sum[f(x,y)]^2\sum\sum[g(x',y')]^2\}^{\frac{1}{2}}} \tag{4-5}$$

$$C_n = \frac{\sum\sum\{[f(x,y)-\bar{f}][g(x',y')-\bar{g}]\}}{\{\sum\sum[f(x,y)-\bar{f}]^2\sum\sum[g(x',y')-\bar{g}]^2\}^{\frac{1}{2}}} \tag{4-6}$$

$$C_n = \frac{\{\sum\sum[(f(x,y)-\bar{f})(g(x',y')-\bar{g})]\}^2}{\sum\sum[f(x,y)-\bar{f}]^2\sum\sum[g(x',y')-\bar{g}]^2} \tag{4-7}$$

上面式中$\bar{f}$和$\bar{g}$分别代表$f(x,y)$和$g(x',y')$的平均值。上述相关系数的取值范围是[0,1]。

4.2 位移矢量场分析

为了能够提高 DSCM 软件对试件表面的识别度,在试验开始之前对所有试件都进行了人工制斑,具体的制斑方法是,在试件正面横竖两个方向(面对高速相机面)每隔 6 mm 左右用 2B 碳素铅笔画一条直线,在试件表面形成一个网状的图案。本书选取了破坏形态有代表性的 3 个工况试件采用数字散斑相关方法进行分析,分别是工况 2 试件(混合贯通破坏模式)、工况 3 试件(剪切贯通破坏模式)以及工况 28 试件(牵引贯通破坏模式)。

对试件表面位移场的分析,主要是通过对比整个试件表面各点的位移变化趋势。本书的关注重点是预制主次裂纹附近区域的位移场变化趋势,因此在选取计算区域时主要是围绕预制裂纹周边区域,并适当调整计算区域的大小,以尽可能地提高计算区域的计算精度,所选取的计算区域如图 4-2 所示,图中粉色网格所覆盖的区域即是有效散斑计算区域。

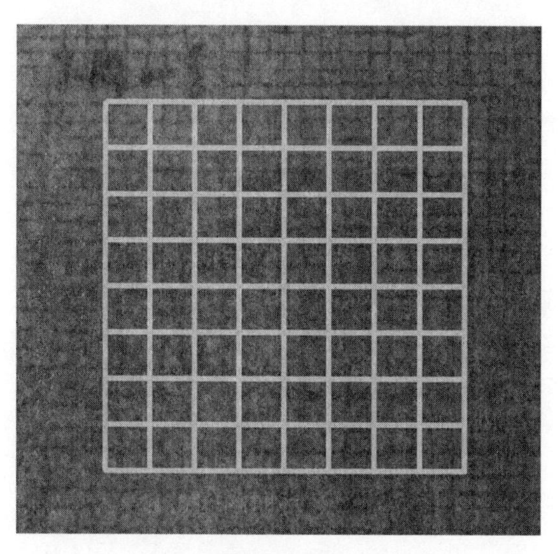

图 4-2　试件表面的计算区域

工况 2 试件位移场分析见图 4-3。

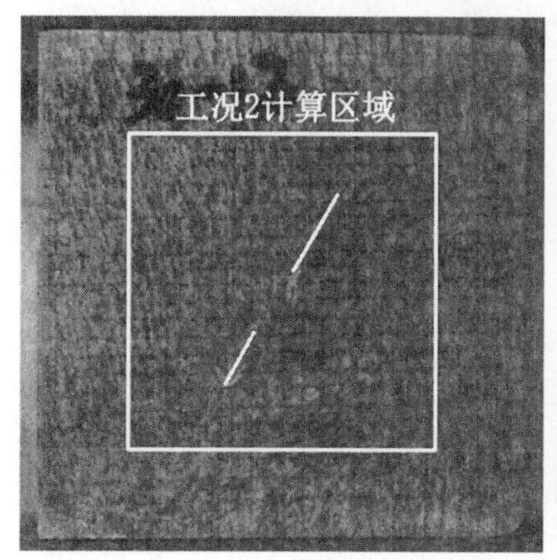

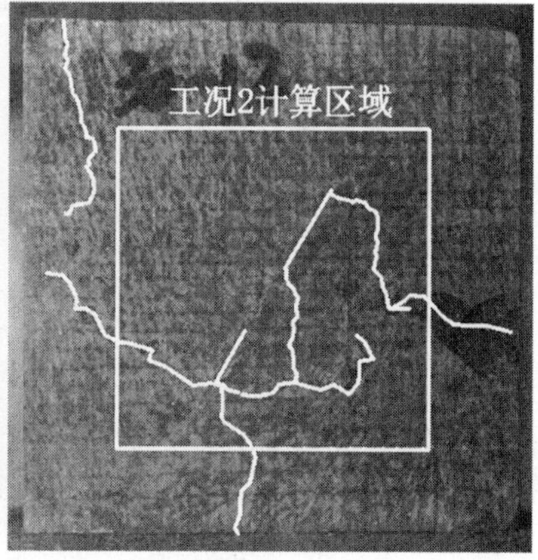

图 4-3　工况 2 试件计算区域的破坏前后图像

从图 4-4 工况 2 试件的各阶段全场位移图可以清晰地看出试件在各个轴向压力下的试件表面位移矢量场。当轴向压力为 50 kN 时，试件表面各个记录点的位移量还很小，并且位移的方向都是沿着加载方向移动，整体位移比较均匀。随着荷载增大至 100 kN，试件各个记录点在保持整体均匀的前提下增大了位移量，仍然没有出现有偏差现象的位移点，当荷载达到 125 kN 时，可以看出各个记录点的位移量增幅已经不明显，初期的荷载已经使得试件内部的微裂纹和孔洞闭合。当荷载继续增大至 150 kN 时，试件表面的各点在 Y 方向

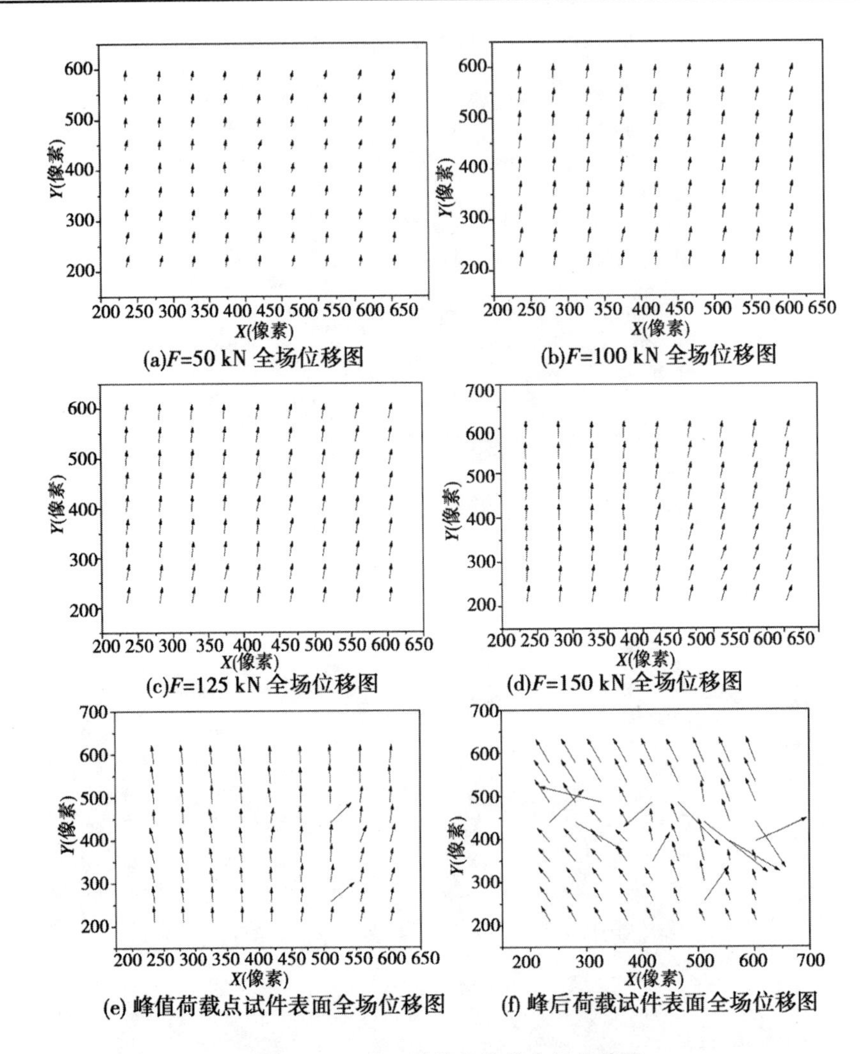

图 4-4 工况 2 试件各阶段全场位移图

上的位移增量已经不明显,而在试件右下角部分的记录点,则出现了向 X 方向偏移的趋势,如图 4-4(d)所示,这说明试件在持续增大的单向压力作用下产生了侧向膨胀。随着荷载继续增大至峰值,试件表面的位移矢量场有个别点出现了"突变",位移量突然增大并且位移的方向也偏移了原有的位移趋势,这表明试件在这两处产生了破坏,通过对比工况 2 试件的试验过程图片,产生突变位移的这两点正是试件当中预制主裂纹的起裂点,预制裂纹扩展贯通之后,试件表面的位移矢量图如图 4-4(f)所示,可以通过对比试件最终破坏后的图片来看,位移矢量图中产生较大位移量以及偏移了原位移方向的记录点,基本符合了裂纹在试件中的扩展路径,其中,在预制主裂纹尖端区域产生位移“突变”的点最多,而在试件的顶部和左下方记录点的位移则仍保持了平稳的趋势。这说明当含有裂纹缺陷的试件在荷载作用下破坏时,其全场位移矢量分布并不是均匀的,而是在局部有裂纹缺陷部分或者裂纹扩展路径附近产生较大的位移。由于本研究所采用的类岩石材料具有明显的脆性特征,在破坏前变形量很小,从图 4-5 试件的荷载位移曲线可以看出,试件表面在峰值荷载(152.7 kN)时的试件整体轴向位移量为 0.83 mm。

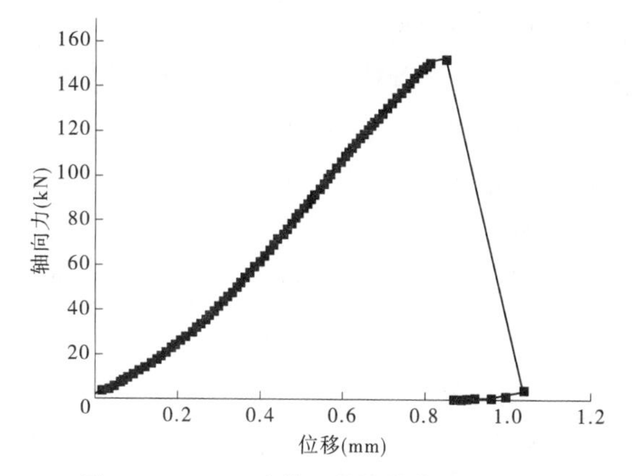

图 4-5　工况 2 试件压缩的荷载位移曲线

工况 3 试件位移场分析见图 4-6。

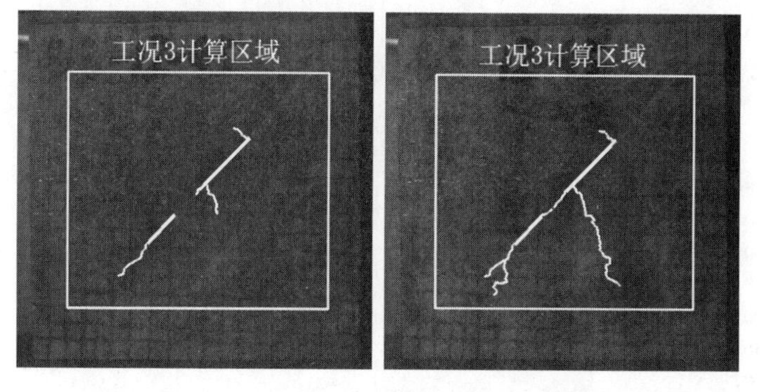

图 4-6　工况 3 试件计算区域的破坏图像

工况 3 试件在荷载作用下发生的是典型的预制裂纹剪切贯通破坏,通过对比工况 3 试件的位移矢量场图和试验过程照片,可以看出试件在各个受力阶段的位移矢量场变化情况,以及不同的预制裂纹贯通模式对试件表面位移矢量场的影响。在试件受压的初期,轴向力为 50 kN 以及 100 kN 时,试件表面的整体位移矢量场同工况 2 试件几乎一致,各个记录点只是沿着轴向加载方向产生了一定的位移,这主要还是试件初期受到压缩导致内部微孔隙闭合所造成的,试件整体的变形比较均匀。随着荷载增大至 125 kN,试件中预制主裂纹内尖端裂纹开始扩展,此时在主裂纹内尖端的扩展路径左侧部分试件位移矢量场产生了变化,各点产生明显偏向试件左上方位移的趋势,产生这一变化的区域大致是以 45°线划分的试件左下方,其边界同试件最大剪力线大致重合。随着荷载继续增大至峰值 120 kN 左右,预制主裂纹同此裂纹产生岩桥贯通,同时预制主裂纹内尖端产生的次生裂纹向试件下部扩展,在次生裂纹的左侧 45°区域内向试件左上方移动,与试件右上部形成一个相互剪切的趋势。在裂纹的起裂以及扩展路径处,产生了较大的位移量,如图 4-7 所示。从图 4-8 试件的荷载位移曲线可以看出,试件的峰值荷载为 120.6 kN,峰值荷载所对应的试件整体位移量为 0.77 mm,峰值荷载后试件所受轴力下降至 80 kN 左右,随后又产生破裂导致轴力最终下降至 38 kN 左右,试件在加载过程中最终位移量为 1.03 mm。

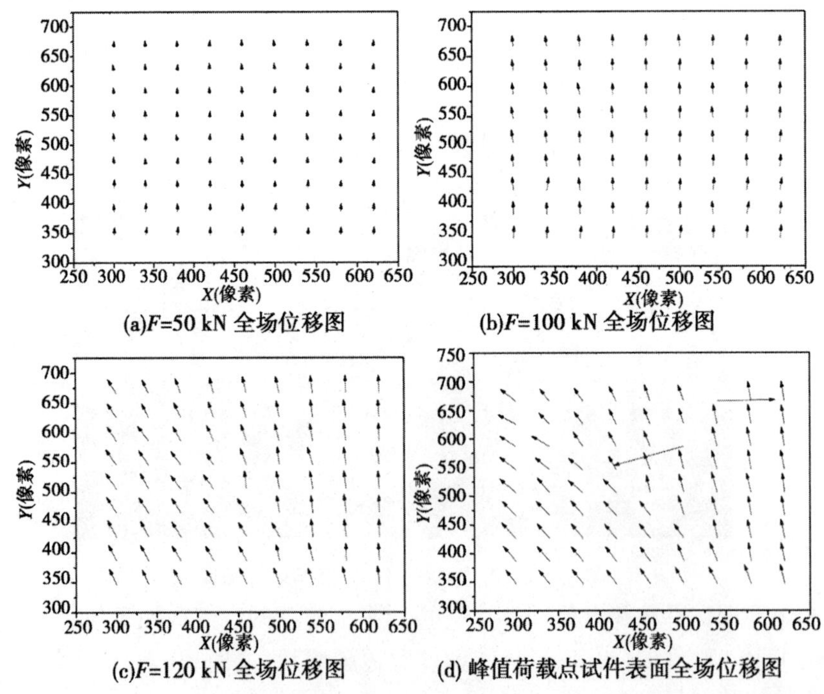

图 4-7　工况 3 试件各阶段全场位移图

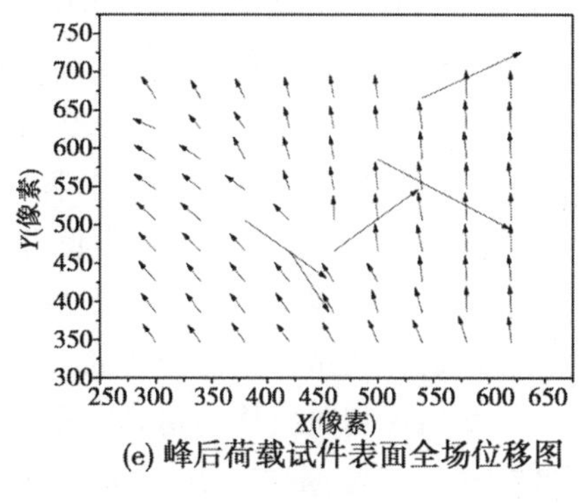

(e) 峰后荷载试件表面全场位移图

续图 4-7

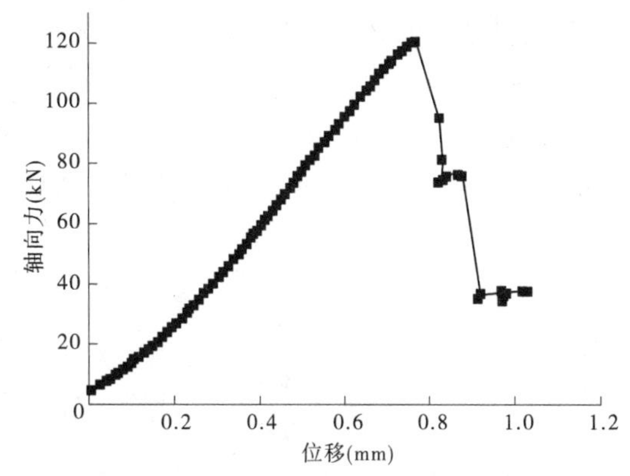

图 4-8　工况 3 试件压缩的荷载位移曲线

工况 3 试件位移场分析：

前两个试件产生的裂纹贯通模式分布是典型的剪切贯通模式以及混合贯通模式，为了对比研究不同预制裂纹贯通模式对试件表面整体位移矢量场产生的影响，选取工况 28 试件作为分析对象，见图 4-9。

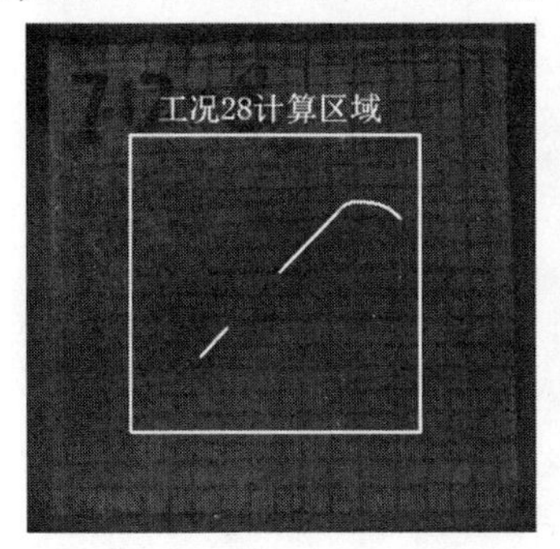

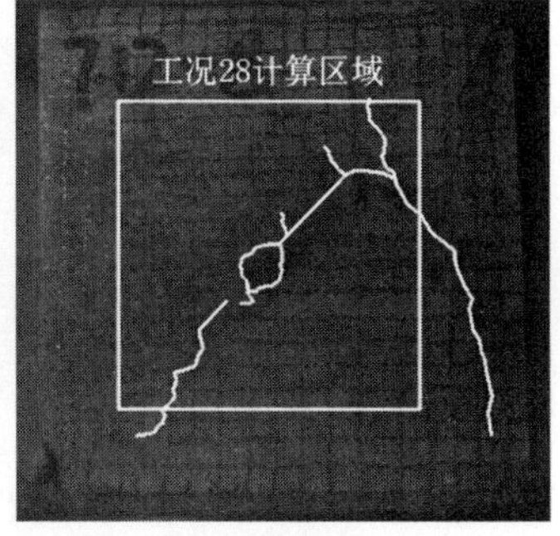

图 4-9　工况 28 试件计算区域的破坏图像

从工况 28 试件在加载过程中的全场位移图(见图 4-10)可以看出,试件所受轴向压力在 150 kN 全场位移矢量比较均匀,并且位移量较小,这同工况 2 和工况 3 试件在受压初期的位移矢量场几乎没有差别,这表明试件表面的位移矢量场在受压初期的变化主要与试件本身的材料属性有关,位移量一般较小,位移的方向都是沿着加载方向,基本没有发生偏移。当荷载继续增加,接近峰值时,试件局部点开始出现位移"突变",工况 28 出现位移突变的点集中在预制主裂纹的内尖端区域,并且试件的左下方部位的记录点开始出现向左上方偏移的趋势,试件开始出现侧向位移的趋势。在这一受力阶段,不同的预制裂纹布置方式对试件表面位移矢量场影响的差别开始体现出来,此时产生局部位移量增大的点主要集中在预制主裂纹尖端附近区域,随着荷载继续增大超过试件极限承载力,试件当中的预制裂纹贯通,位移矢量场基本在裂纹的扩展路径附近以及剪切破裂部位产生较大位移量,体现了试件表面的破坏形态以及裂纹的张开程度。工况 28 试件最终的荷载位移曲线如图 4-11 所示,试件承受的轴向压力峰值为 171.5 kN,峰值时对应的试件位移量为 0.96 mm。

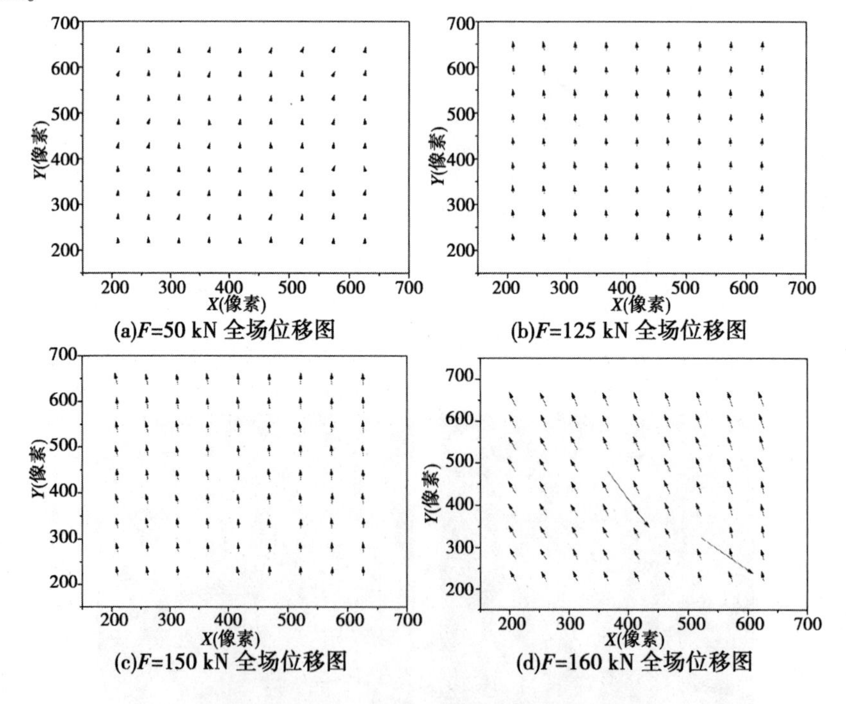

图 4-10　工况 28 试件各阶段全场位移图

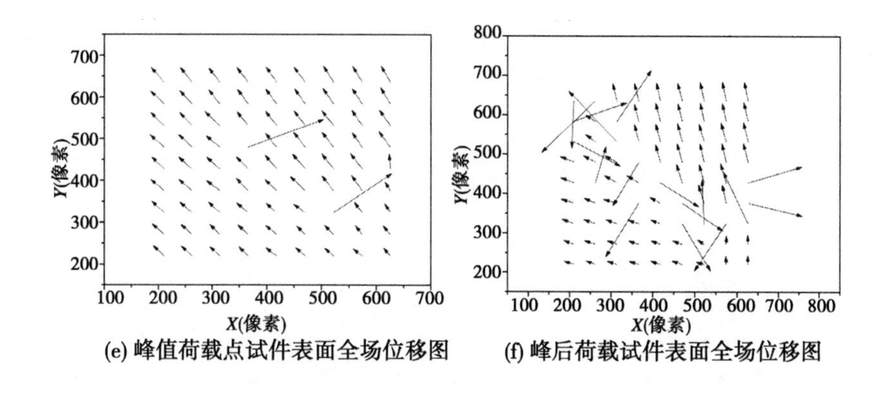

(e) 峰值荷载点试件表面全场位移图　(f) 峰后荷载试件表面全场位移图

续图 4-10

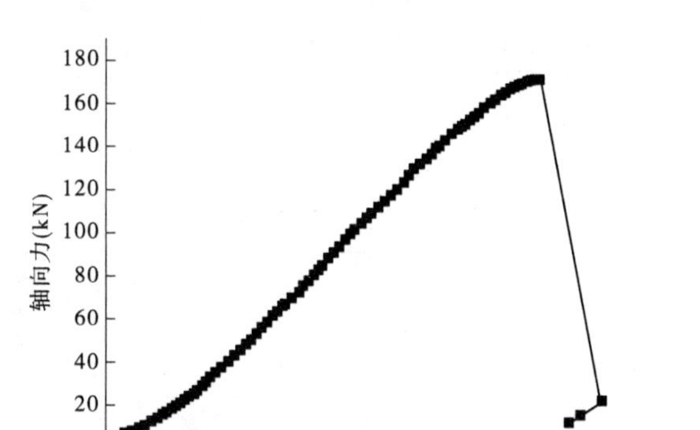

图 4-11　工况 28 试件压缩的荷载位移曲线

4.3　试件表面应变场分析

本书 4.2 节对产生 3 种不同裂纹贯通模式（剪切贯通、混合贯通以及牵引贯通）的试件进行了不同荷载作用下的整体位移矢量场分析，本节将对工况 2 试件进行试件表面应变场分析。

工况 2 试件表面应变场云图见图 4-12、图 4-13。

通过工况 2 试件（裂纹面夹角 30°）在 X 轴方向的应变场云图可以清楚地看到，加载初期荷载为 50 kN 时，尽管此时试件表面整体的应变值较小，大部分区域的 ε_X 值为 0.000 42 左右，但是在预制主裂纹的内外尖端区域，应变值明显偏高，尤其是在主裂纹外尖端区域，ε_X 值达到了 0.003 5 以上，主裂纹内

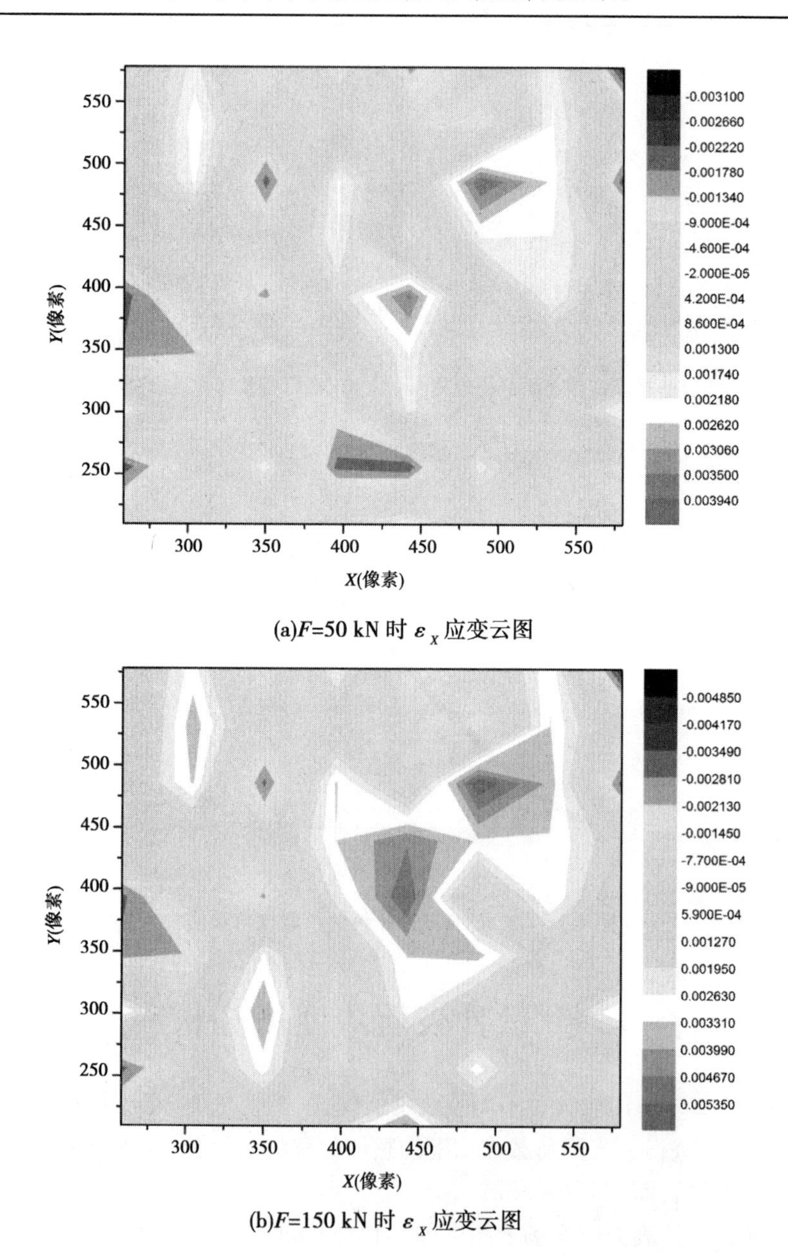

(a)F=50 kN 时 ε_X 应变云图

(b)F=150 kN 时 ε_X 应变云图

图 4-12　工况 2 试件 X 方向应变云图

尖端区域的 ε_X 值也达到了 0.003 0。这表明预制主裂纹的存在使得试件表面在 X 轴方向的应变产生了集中现象，在主裂纹的内外尖端附近都不同程度地

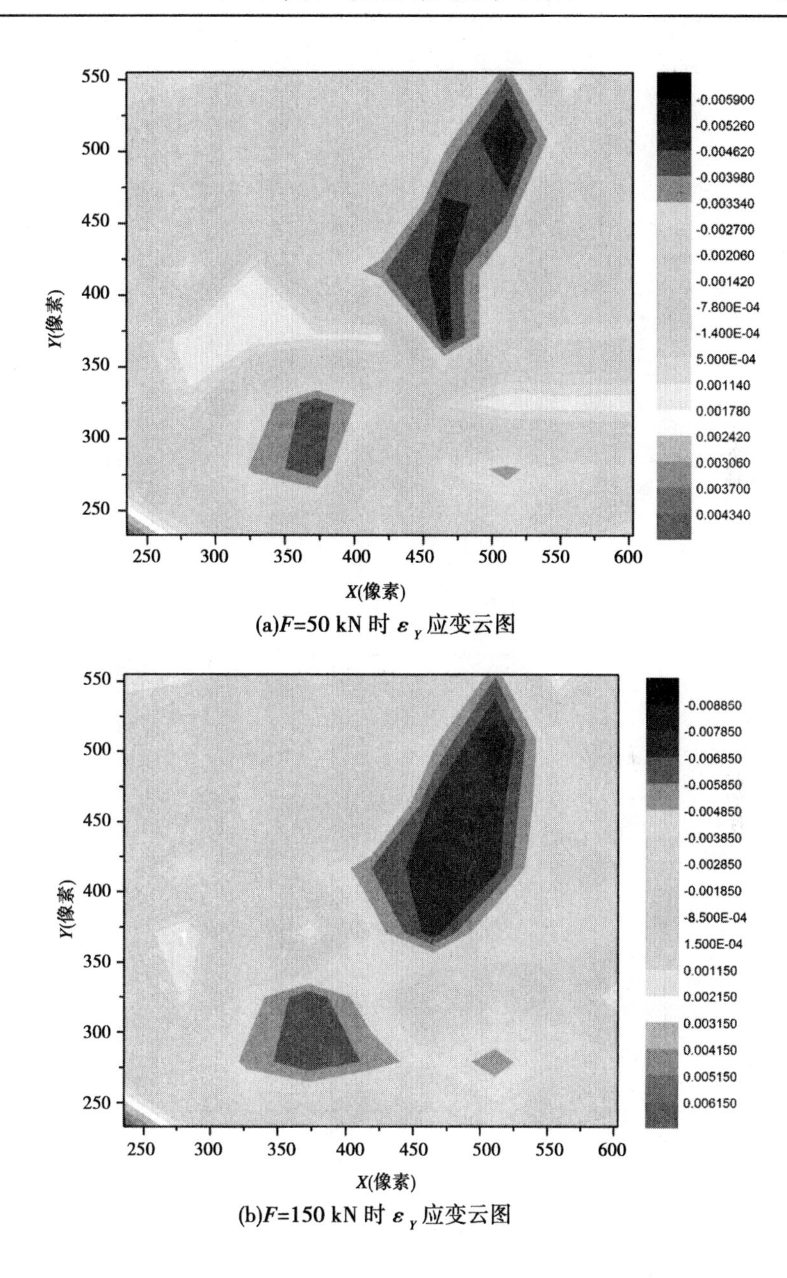

(a)F=50 kN 时 ε_Y 应变云图

(b)F=150 kN 时 ε_Y 应变云图

图 4-13 工况 2 试件 Y 方向应变场云图

产生了较大的应变。而此时次裂纹区域在 X 方向的应变量虽然远不如主裂纹尖端那样明显的局部升高,但是仍然超过了试件表面大部分区域,这一区域

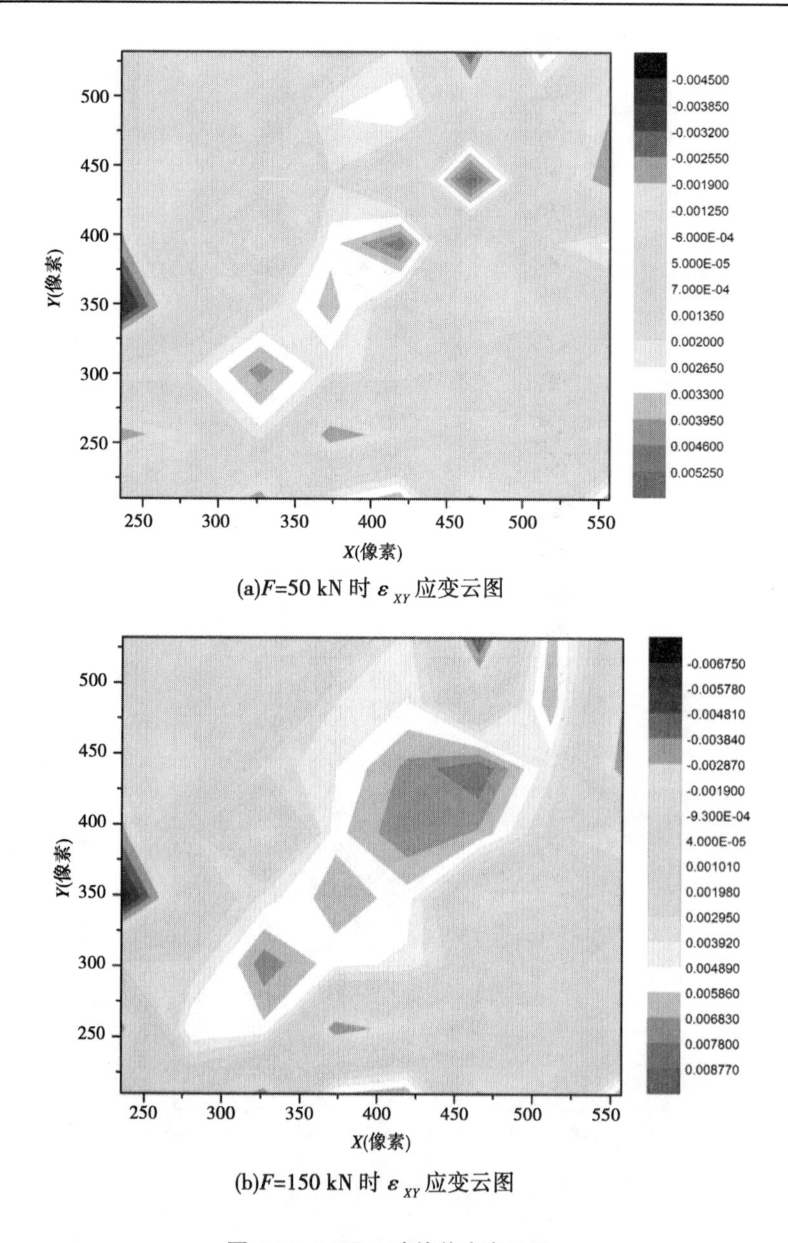

(a)F=50 kN 时 ε_{XY} 应变云图

(b)F=150 kN 时 ε_{XY} 应变云图

图 4-14　工况 2 试件剪应变云图

的 ε_X 值在 0.002 1 左右，表明在次裂纹区域同样会产生局部变形增加的趋势，但是相对于尺度较大的主裂纹，这一现象不是特别明显。随着荷载增大至 150 kN，此时已经接近试件的承载极限，可以看到主裂纹内外尖端区域的应变集中带进一步增大,并且最大 ε_X 值达到了 0.005 35。通过对比高速摄像机所拍摄的裂纹起裂瞬间的试验照片,如图 4-15 所示,可以发现裂纹起裂后的扩展路径基本和 150 kN 荷载作用下的 ε_X 应变集中区吻合,表明了在单轴加载状态下,预制裂纹起裂后扩展所产生的裂纹主要以翼(拉)裂纹为主。

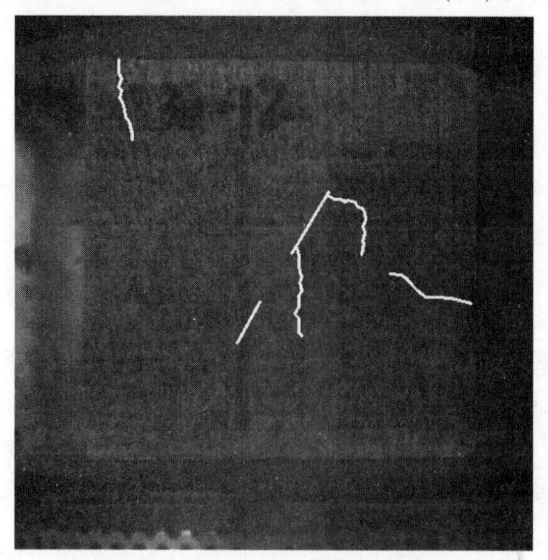

图 4-15　工况 2 试件裂纹起裂瞬间

试件在 Y 方向的应变云图所反映的试验结果基本同 X 方向应变云图类似,荷载为 50 kN 时,主裂纹所在区域的应变值明显高于周边区域,次裂纹周边也出现了同样的情况,这是因为试件当中的预制裂纹并不是闭合的,在轴向压力作用下必然是张开的预制裂纹附近最先产生压缩变形,导致了预制区域的 Y 方向应变增大。荷载增大至 150 kN 时,试件表面 Y 方向的应变大部分属于压应变,在主裂纹区域(尤其是主裂纹外尖端)存在局部应变增大的现象,这与 X 方向应变云图结果基本类似。

图 4-13 为工况 2 试件在 $F=50$ kN 和 $F=150$ kN 时试件表面的剪应变场云图,从图中可以看出试件在受压初期主次裂纹的内外尖端都不同程度地存在着剪应变集中的现象,其中剪应变最大处是主裂纹的外尖端。随着荷载增大至 150 kN,以主次裂纹内外尖端为中心的 4 个区域形成了一条剪应变集中带,这一条带状的应变集中区基本沿着主次共面裂纹的走向,同加载方向成 45°左右。

4.4　本章小结

本章通过采用 DSCM 软件对预制共面不等长双裂纹试件的单轴受压试验进行了实时测量,分析了产生三种典型预制裂纹贯通模式试件在各受力阶段的表面整体位移矢量场,以及产生混合贯通模式试件的表面应变场云图。通过试验分析发现:

不同预制裂纹参数的试件在受压初期的位移矢量场几乎没有差别,位移量一般较小,位移的方向基本都是沿着加载方向,没有发生偏转。当荷载继续增加接近试件承载力极限时,全场位移矢量图开始出现局部位移“突变”,其位移量突然增大并且位移方向产生较大的偏转,表明这一区域已经产生裂纹扩展,此时试件表面的整体位移场开始出现侧向位移的趋势。在这一受力阶段,不同的预制裂纹布置方式对试件表面位移矢量场影响的差别开始体现出来,此时产生局部位移量增大的点主要集中在预制主裂纹尖端附近区域,随着荷载继续增大超过试件极限承载力,试件当中的预制裂纹贯通,位移矢量场基本在裂纹的扩展路径附近以及破裂部位产生较大位移量,体现了试件表面的裂纹扩展路径以及裂纹的张开程度。

预制裂纹缺陷的存在会使得试件出现局部应变集中的现象,应变集中的程度主要同预制裂纹的尺度相关,预制主裂纹的内外尖端处应变集中现象最为明显,尤其在主裂纹的外尖端附近区域应变值最大,这同试验中高速摄像机拍摄到的绝大多数试件裂纹的初始起裂点为主裂纹外尖端的现象相吻合。通过对应变场云图分析发现,以主次裂纹内外尖端为中心的 4 个区域形成了一条剪应变集中带,这一条带状的应变集中区基本沿着主次共面裂纹的走向,同加载方向成 45°左右。

通过对比高速摄像机所拍摄的裂纹起裂瞬间的试验照片见图 4-15,可以发现裂纹起裂后的扩展路径基本和 150 kN 荷载作用下的 ε_X 应变集中区吻合,表明了在单轴加载状态下,预制裂纹起裂后扩展所产生的裂纹主要以翼裂纹为主。

5 不等长裂纹扩展的数值模拟研究

5.1 真实破坏过程分析方法 RFPA 简介

真实破坏过程分析方法(realistic failure process analysis,RFPA)数值分析软件系统,是东北大学研发的一种利用有限元方法作为应力分析工具,将材料弹性损伤理论以及修正后的库伦破坏准则定义为材料破坏变形和破坏分析模块的岩石破裂过程分析系统。RFPA 软件系统的基本原理是:在软件中将岩石介质力学模型离散化,分为由细观基元组成的计算机可识别的数值模型,然后以 Weibull 统计分布的规律来赋予离散化之后的细观基元的力学性质,从而建立了细观与宏观介质力学性能的关联。

1991 年,东北大学的唐春安教授假设岩石的细观基元强度呈正态分布,在此基础上进一步设定准脆性材料细观上的非均匀性是造成材料宏观非线性的根本原因,并用 Weibull 统计分布损伤的本构关系考虑了岩石材料的非均匀性和缺陷分布的随机性。把材料力学性质的分布假设为符合 Weibull 统计分布,在数值计算中将满足设定强度准则的单元进行破坏处理,从而在数值模拟中实现非均匀性岩石材料的破坏全过程。

20 世纪 30 年代末,Weibull 在描述工程材料的非均匀性时首先提出了用统计学来描述材料力学性质的方法。他基于大量的试验结果认为要准确地测量试件破坏时的强度是不现实的,但是可以通过特定应力水平下试件破坏的概率来描述强度。Weibull 通过大量的试验并在这一思路指导下,通过采用幂函数率来描述强度的分布规律。他所建立的这一统计分布规律被称作 Weibull 统计分布,这一统计规律在材料的尺度效应以及强度破坏理论中应用极为广泛并发挥了重要作用。

Weibull 建立了统计分布函数来对这一规律进行描述,即:

$$\varphi(\alpha)=\frac{m}{\alpha_0}\left(\frac{\alpha}{\alpha_0}\right)^{m-1}\mathrm{e}^{-\left(\frac{\alpha}{\alpha_0}\right)^m} \tag{5-1}$$

式中:$\varphi(\alpha)$ 为岩石基元体力学性质 α 的统计分布密度;α 为岩石介质基元体力学性质参数(强度、弹性模量等);α_0 为基元体力学性质的平均值;m 为均匀性系数,反映了岩石介质的均质性。

RFPA 具备破坏分析以及应力分析两大功能,本书采用应力加载方式,首先给定每一步的应力增量并进行应力计算,然后根据破坏准则来判断材料中是否产生破坏单元,如果没有产生破坏单元,则增加一个应力增量进行应力计算直至模型中产生破坏单元。产生破坏单元后,根据单元的剪切破坏状态进行刚度退化处理,再重新进行当前步的应力计算。RFPA 系统会不断重复上述过程直至整个模型产生宏观破坏。鉴于岩石等脆性材料的抗压强度远大于其抗拉强度,本书根据之前学者的数值模拟经验,采用修正后的 Coulomb 准则作为单元破坏的强度依据。

5.2　单轴加载下的不等长双裂纹扩展模拟

数值模拟中采用二维平面应力模型,模型尺寸设定同本书物理试验一致,模型尺寸为 110 mm×110 mm,划分为 220×220 个等面积 4 节点的四边形网络微单元。数值模拟中采用单轴压缩,单步加载量为 0.1 MPa,RFPA 系统中为了模拟岩石材料非均匀性对岩石力学性质的影响,假定离散化之后的细观基元的力学性质服从 Weibull 统计分布 $\varphi(m,\mu)$,建立了细观与宏观介质力学性能的联系。其中 m 定义为材料介质的均匀性系数,反映材料的均匀程度,随着 m 的增加,材料介质的性质趋于均匀。在本书中,选取 m = 5,材料弹性模量为 47 500 MPa,泊松比为 0.25,材料密度为 2 500 kg/m^3,单轴抗压强度为 42 MPa,单元破坏准则中压拉比为 10,内摩擦角为 30°。在本节中,将对物理试验中的 6 个工况进行数值模拟计算,以同实际试验结果进行对比。

工况 3 试件参数(主裂纹长度 24 mm,次裂纹长度 12 mm,岩桥长度 12 mm,裂纹面夹角 α=45°)数值模拟过程见图 5-1。

工况 8 试件参数(主裂纹长度 24 mm,次裂纹长度 12 mm,岩桥长度 18 mm,裂纹面夹角 α=45°)数值模拟过程见图 5-2。

工况 13 试件参数(主裂纹长度 24 mm,次裂纹长度 12 mm,岩桥长度 24 mm,裂纹面夹角 α=45°)数值模拟过程见图 5-3。

工况 18 试件参数(主裂纹长度 24 mm,次裂纹长度 4 mm,岩桥长度 18 mm,裂纹面夹角 α=45°)数值模拟过程见图 5-4。

工况 23 试件参数(主裂纹长度 24 mm,次裂纹长度 6 mm,岩桥长度 18 mm,裂纹面夹角 α=45°)数值模拟过程见图 5-5。

工况 28 试件参数(主裂纹长度 24 mm,次裂纹长度 8 mm,岩桥长度 18

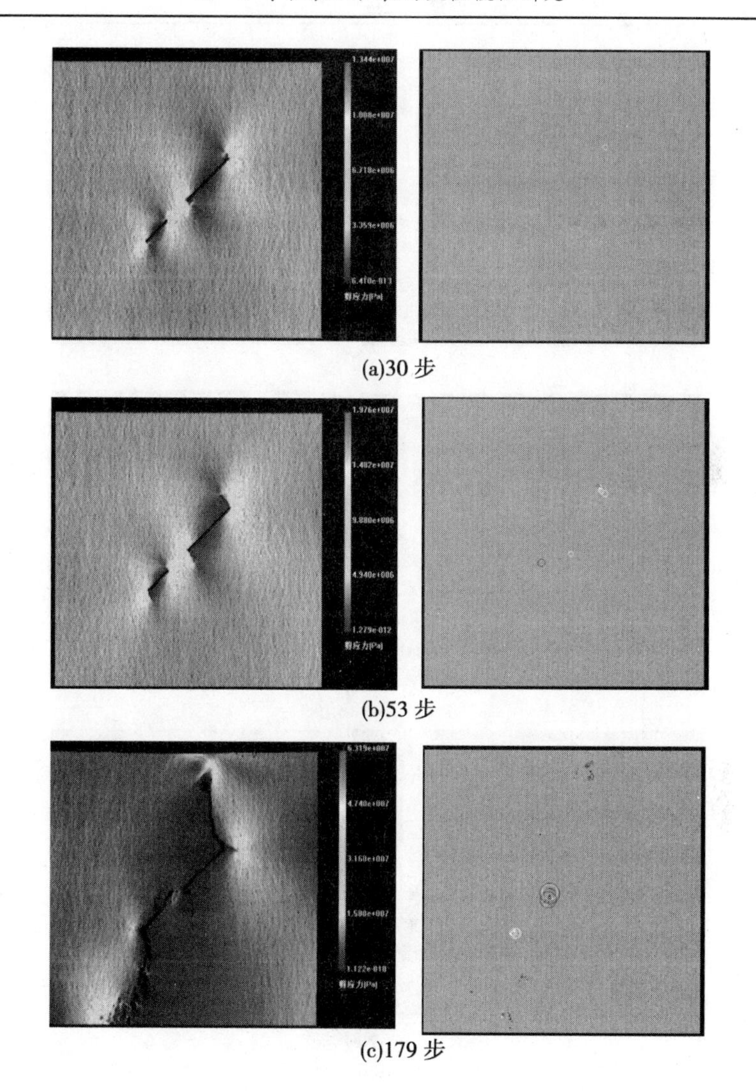

(a)30 步

(b)53 步

(c)179 步

图 5-1　工况 3 试件裂纹的应力与声发射分布图

mm,裂纹面夹角 $\alpha=45°$)数值模拟过程见图 5-6。

通过以上 6 个工况参数的数值模拟试验,模拟了在 45°裂纹面倾角条件下岩桥长度的改变以及次裂纹长度变化对两预制裂纹扩展贯通形态的影响,同本书前文所做的类岩石材料同参数物理试验相印证。

通过对这 6 个参数模型的数值模拟试验可以看出,预制主裂纹分别在计算第 30 步(工况 3)、33 步(工况 8)、34 步(工况 13)、49 步(工况 18)、48 步

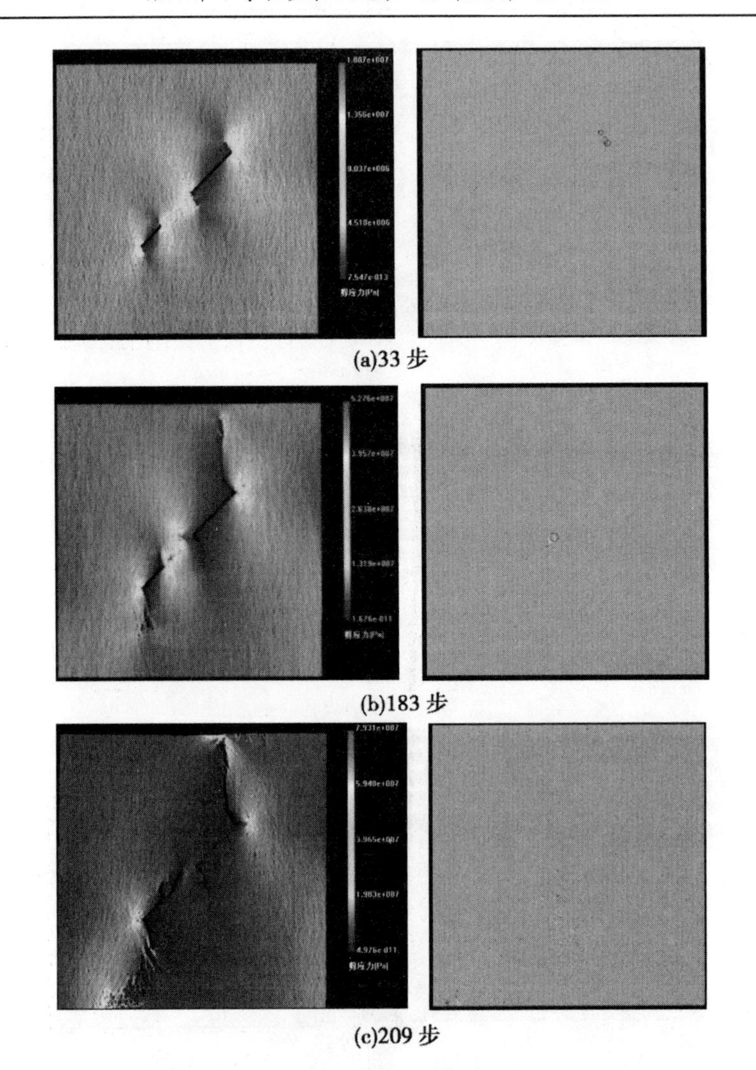

(a)33 步

(b)183 步

(c)209 步

图 5-2　工况 8 试件裂纹的应力与声发射分布图

(工况 23)以及 43 步(工况 28)时产生裂纹萌生。从数值模拟中 6 个工况相对应计算步数的声发射图像可以看出,最初产生声发射现象的位置所对应的正是预制主裂纹的外尖端所在区域,表明了这一点处的单元已经发生破坏并且裂纹已经萌生,这同物理试验中高速相机观测到的绝大多数试件都是从预制主裂纹的外尖端开始起裂的现象相一致,证明了对试件破坏起主控作用的关键点是尺度较大的主裂纹外尖端点。

岩桥长度的变化对主次裂纹的扩展以及贯通形态都会产生很大影响。工

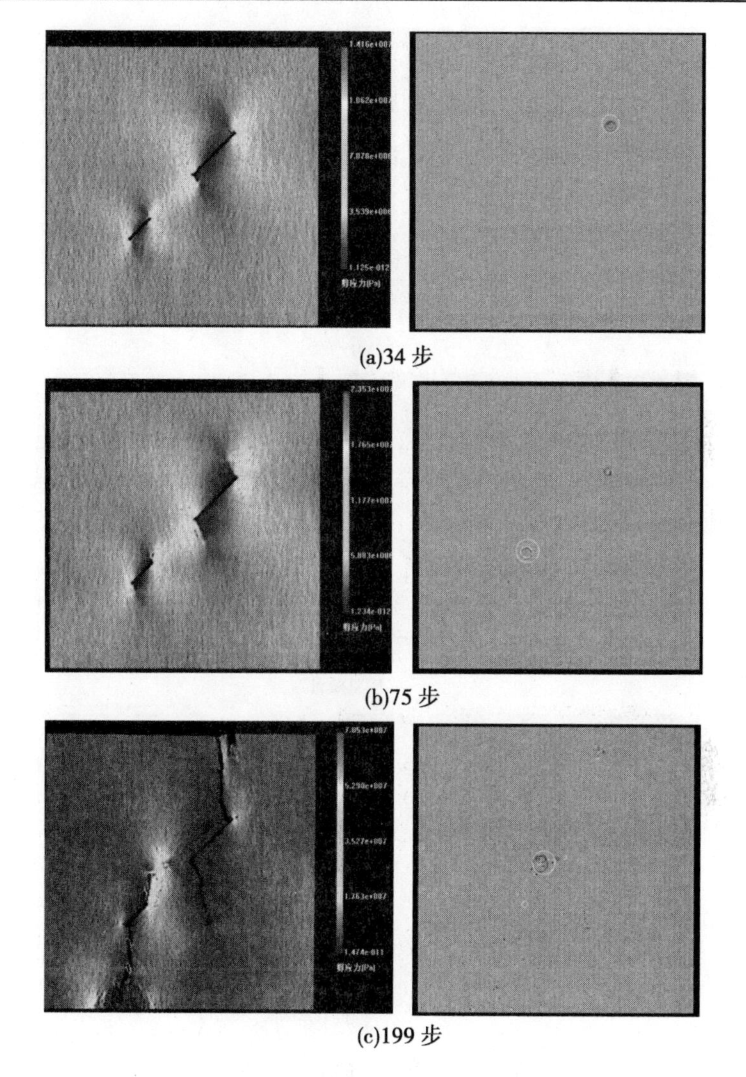

(a)34 步

(b)75 步

(c)199 步

图 5-3　工况 13 试件裂纹的应力与声发射分布图

况 3 模型主次裂纹内尖端之间岩桥长度为 12 mm，由于岩桥长度较小，在轴向力作用下两裂纹内尖端之间产生了很强的相互影响，在岩桥区形成了一个较高的应力集中区域，见图 5-1(a)、(b)，随着荷载的增加，预制主裂纹内尖端首先产生向下扩展的主生翼裂纹，随后又在原处产生次生裂纹，次生裂纹萌生后沿着原裂纹走向快速扩展同次裂纹内尖端贯通，在计算第 179 步时形成了剪贯通，如图 5-1 所示，这一裂纹扩展过程同物理试验中高速相机所拍摄到的过程基本一致。工况 8 模型的岩桥长度增加为 18 mm(其余各参数保持不变)，

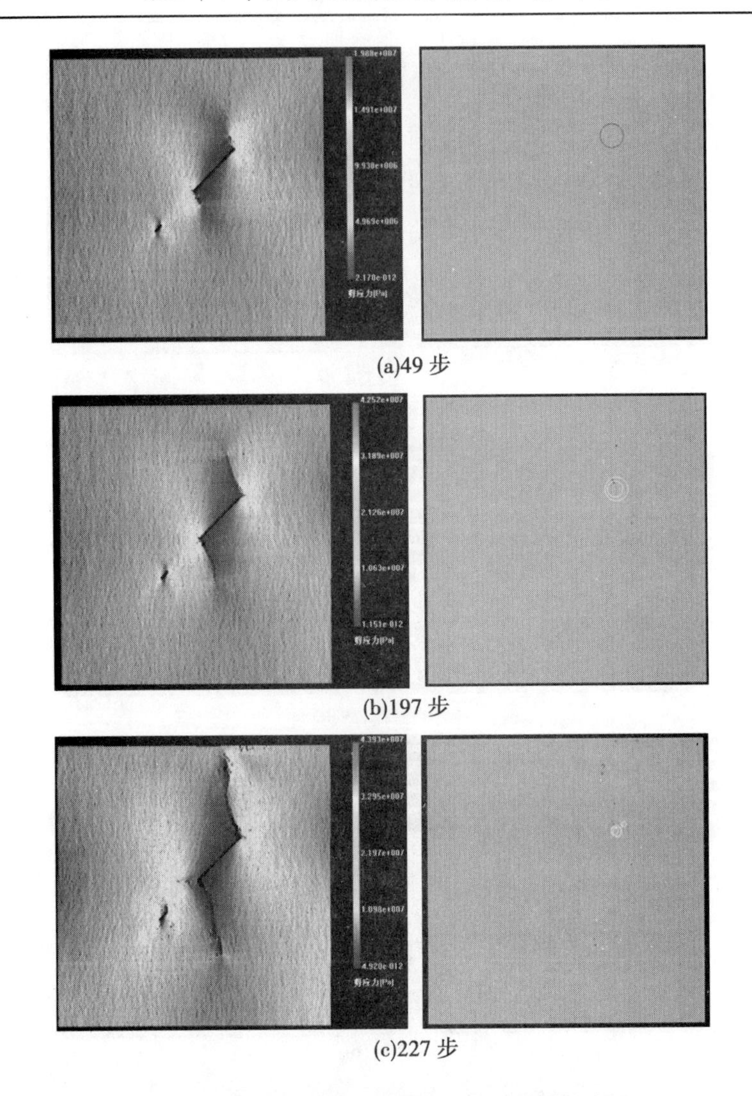

(a)49 步

(b)197 步

(c)227 步

图 5-4 工况 18 试件裂纹的应力与声发射分布图

两裂纹内尖端的相互作用已经明显减弱,岩桥区域的应力集中现象已经减弱,系统加载至第 209 步时才发生岩桥贯通,岩桥长度的增加使得贯通模式转变为混合贯通。当岩桥长度增大至 24 mm 时,主次裂纹之间的相互影响进一步减弱,从图 5-3(a)、(b)可以看出,在两裂纹内尖端的岩桥区域已经没有形成前两个工况模型中的应力集中区域,仅仅只是在主次裂纹尖端点处产生了应力集中现象。尽管随着荷载逐渐增加,主次裂纹都发生了扩展,但是最终两条裂纹也未能在岩桥区连接贯通,而是主次裂纹产生的主生翼裂纹扩展导致模

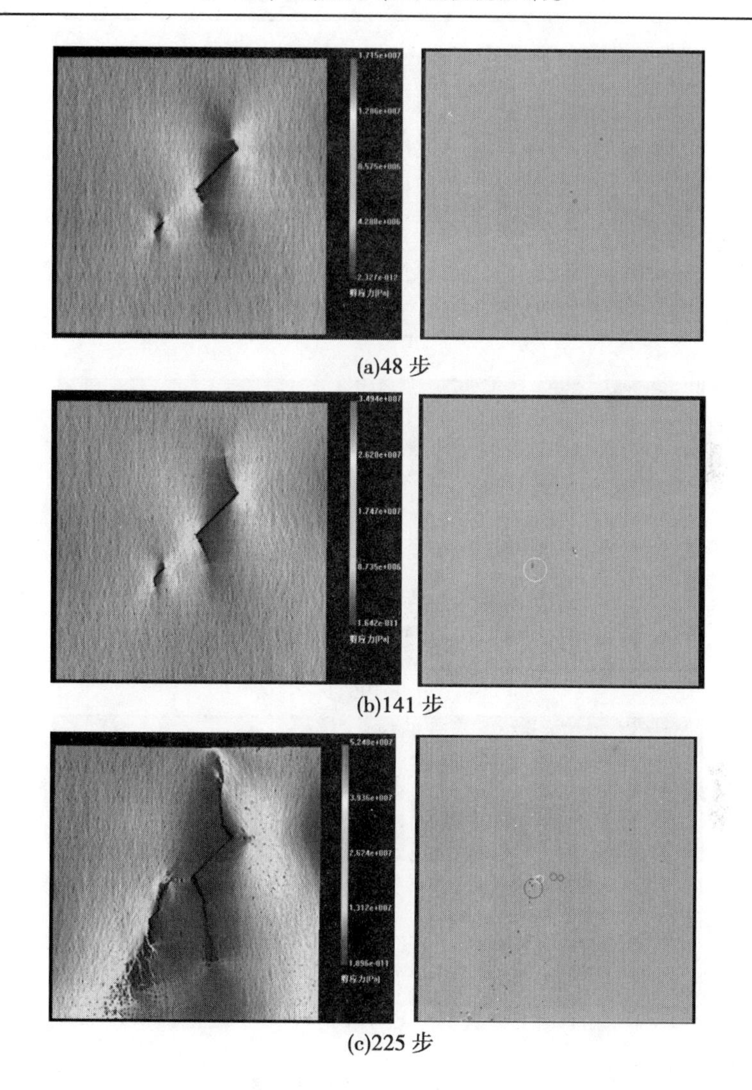

(a)48 步

(b)141 步

(c)225 步

图 5-5 工况 23 试件裂纹的应力与声发射分布图

型劈裂破坏。虽然最终的破坏形态和同参数的物理试验有一定差异，但相同的是在这一岩桥长度下主次预制裂纹都未能连接贯通，再次印证了本书第 3 章得出的结论，当岩桥长度达到或者超过主裂纹的长度时，不等长裂纹间的相互影响已经相对较弱，此时试件较难发生岩桥贯通破坏。

随着次裂纹的长度逐渐减小，其对主裂纹的影响也会越来越弱。工况 18、工况 23、工况 28 模型中，主裂纹长度为 24 mm，岩桥长度为 18 mm，裂纹面倾角为 45°，次裂纹长度分别为 4 mm、6 mm 以及 8 mm。从三个试件的模拟过

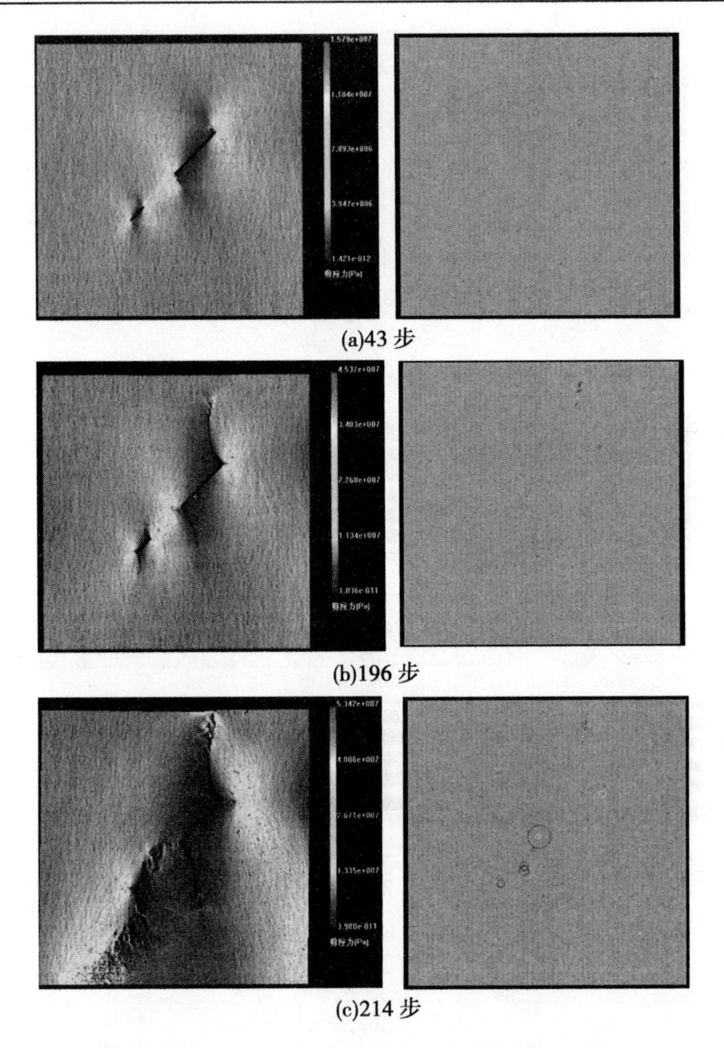

(a)43 步

(b)196 步

(c)214 步

图 5-6　工况 28 试件裂纹的应力与声发射分布图

程可以看出，工况 23 和工况 28 中的主次裂纹发生了岩桥贯通，其中预制 8 mm 次裂纹的工况 28 模型发生了剪贯通，预制 6 mm 次裂纹的工况 23 模型发生了混合贯通。而次裂纹长度为 4 mm 的模型在模拟加载过程中未发生岩桥连接贯通，次裂纹虽然发生了扩展，但是扩展量非常小，试件最终破坏是由主裂纹产生的主生翼裂纹上下扩展造成模型贯穿破坏而成的，这一模拟结果和同参数的物理试验结果一致。物理试验和数值模拟试验的模拟结果表明：随着次裂纹长度的逐渐减小，主次裂纹之间的相互作用会减弱，使得裂纹之间的岩桥区难以发生贯通破坏。在固定的岩桥长度下,当次裂纹的长度小于主裂纹长度的1/6时,次裂纹和主裂纹的影响可忽略不计,并且由于次裂纹自身长度太短,其在加载过程中也很难积聚到足够的能量而起裂。

5.3　单轴加载下的不等长多裂纹扩展模拟

本节主要模拟预制三条(一大两小)裂纹、四条(一大三小)裂纹以及六条(一大五小)裂纹的试件模型,研究在存在多条小裂纹时对次裂纹和主裂纹的影响,以及最容易导致主次裂纹贯通的岩桥角度,裂纹布置形式如图5-7所示。

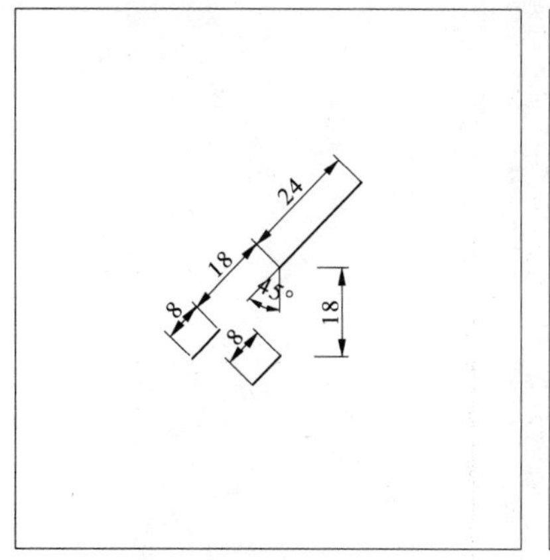

(a)含三条裂纹模型

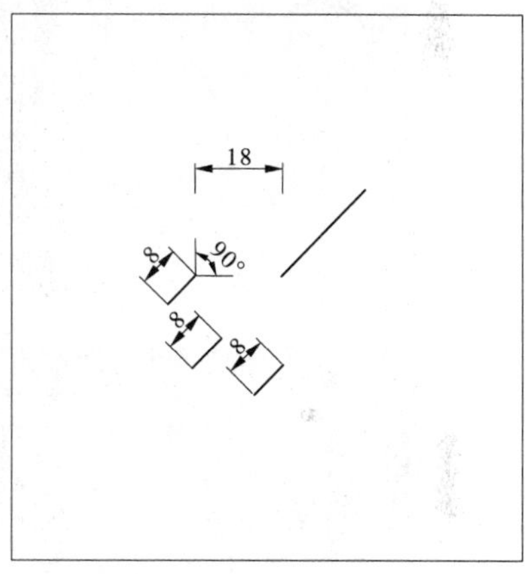

(b)含四条裂纹模型

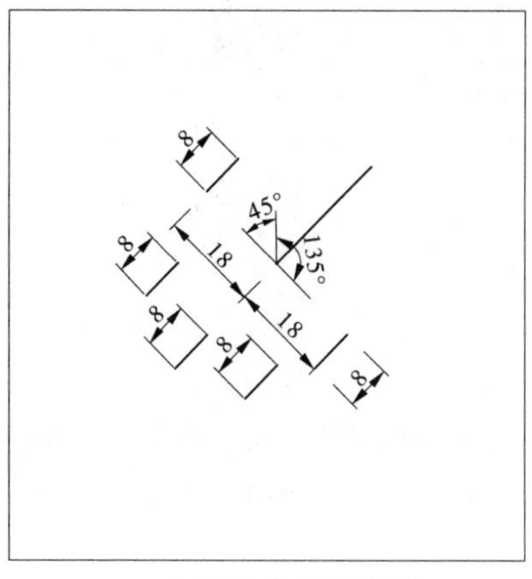

(c)含六条裂纹模型

图5-7　含多条裂纹试样模型

含多条裂纹的参数布置是在工况 28 参数(主裂纹 24 mm、次裂纹 8 mm、岩桥长度 18 mm、裂纹面倾角 45°)上增设 8 mm 的短裂纹而组成的。含三条裂纹的布置如图 5-7(a)所示,是在工况 28 模型基础上增加一条 8 mm 次裂纹,增加的次裂纹同主裂纹的岩桥长度,为 18 mm,岩桥同加载方向平行。含四条、六条裂纹模型分别是在前者的基础上增加一条和两条 8 mm 次裂纹而组成的,其布置如图 5-7(b)、(c)所示。数值模拟中的加载方式以及材料参数设置都同上一节模拟中的设置完全一致。

含三条裂纹模型数值模拟过程见图 5-8。

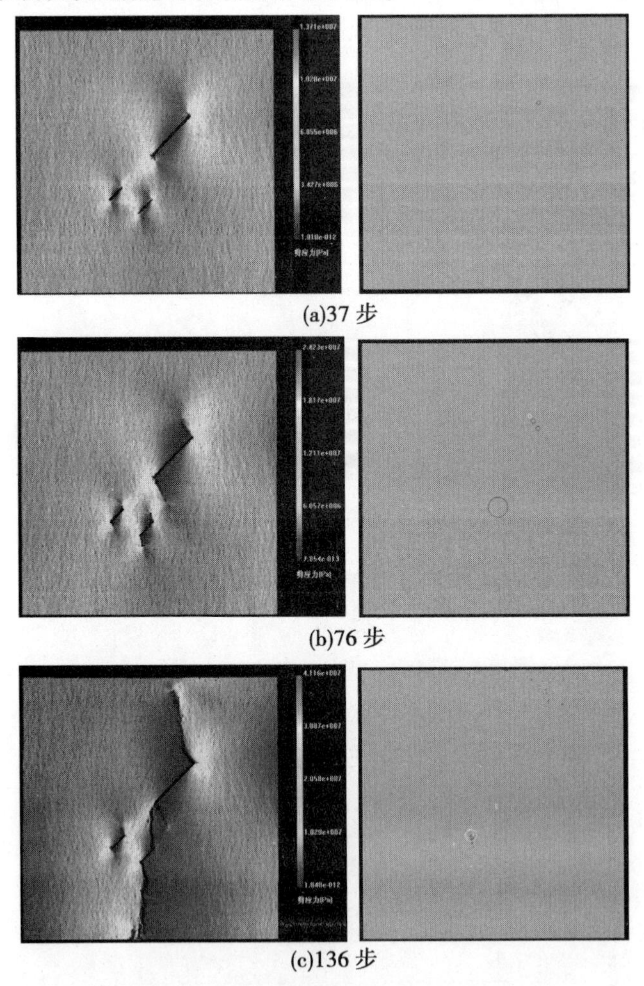

(a)37 步

(b)76 步

(c)136 步

图 5-8　含三条裂纹试件的应力与声发射分布图

含四条裂纹模型数值模拟过程见图 5-9。

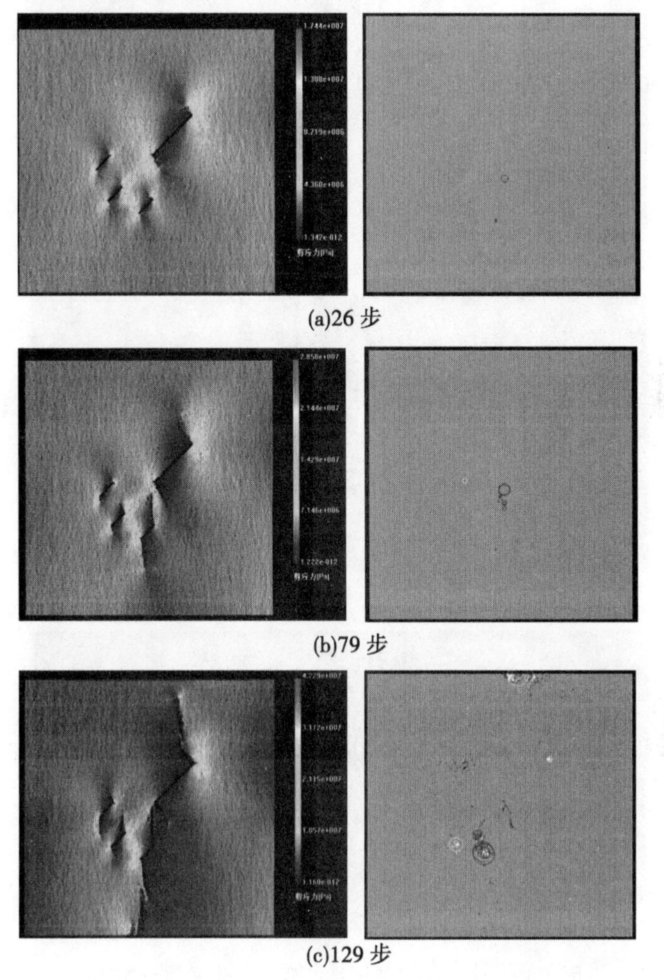

(a)26 步

(b)79 步

(c)129 步

图 5-9　含四条裂纹试件的应力与声发射分布图

含六条裂纹模型数值模拟过程见图 5-10。

图 5-8～图 5-10 清晰地显示了预制多条裂纹模型在单轴加载作用下的应力与声发射分布图。从模拟过程图片可以清楚地看到尽管在不同的位置增加了短裂纹，裂纹的初始起裂点还是从主裂纹的内外尖端开始的，这一点同预制两条裂纹(一长一短)时的起裂状态基本相同。但是，裂纹的起裂强度以及裂纹起裂之后的扩展路径却因为增加了新的次裂纹而产生了变化。

含多条裂纹的模型是在工况 28 裂纹布置基础上不断增加 8 mm 的次裂

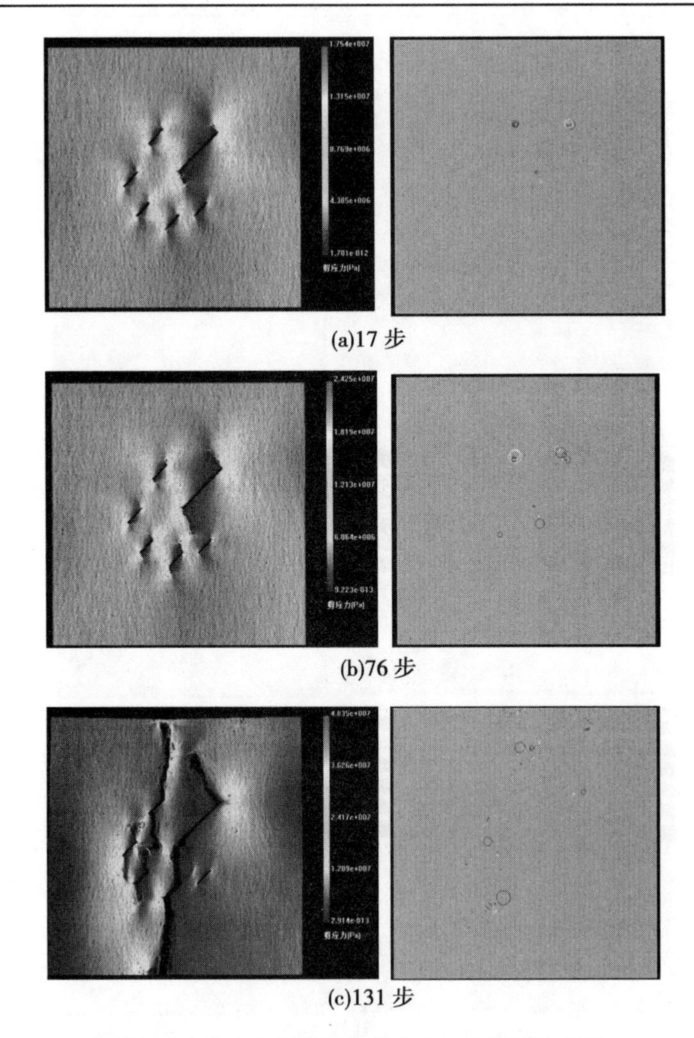

(a)17 步

(b)76 步

(c)131 步

图 5-10　含六条裂纹试件的应力与声发射分布图

纹而建立的。图 5-11 为裂纹起裂强度随不等长裂纹数量而变化的曲线，从该曲线的变化趋势可以看出，裂纹的起裂强度随着次裂纹数量的增长而逐渐降低。这是因为裂纹数量的增加提高了裂纹的相对连通率，进而使得裂纹的密度升高并进一步削弱试件的有效承载面积，加剧了裂纹尖端的应力集中，从而使得裂纹起裂强度逐渐降低。

通过对比上一节工况 28 的模拟过程可以清晰地看出裂纹扩展路径的变化。在工况 28 的模拟中，主次裂纹内尖端起裂之后在岩桥区相连接贯通，但是在主裂纹下部增加了同样倾斜角度的次裂纹后，主裂纹在扩展后的走向开

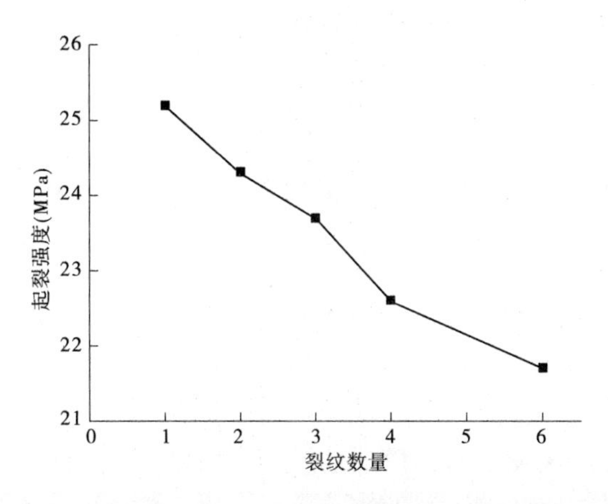

图 5-11 含不等长多裂纹试件不同裂纹数量的试件起裂强度对比曲线

始偏向新设置的次裂纹,最终同次裂纹相连接形成拉贯通模式,而和主裂纹共面的次裂纹在整个模拟加载过程中几乎没有发生扩展,如图 5-8 所示。预制四条裂纹的模型试验情况和三条裂纹模型类似,也是岩桥角平行于加载方向的主次裂纹之间发生了拉伸贯通,而新增加的岩桥角和加载方向成 90°的次裂纹几乎没有发生扩展,也没有对主裂纹的破坏扩展产生明显的影响,如图 5-9 所示。当预制裂纹增加到六条时,不仅主裂纹与次裂纹发生了贯通破坏,部分次裂纹与次裂纹之间也发生了贯通。从图 5-10 可以清晰地看出,在模型中共有四条裂纹产生了连接贯通,形成了两条平行于加载方向的纵向断裂带。其中张裂程度较严重的主断裂带是由主裂纹和其下部的次裂纹形成的,两条裂纹之间的岩桥同加载方向平行,而形成另一条贯通断裂带的两条裂纹岩桥连线也平行于加载方向,如图 5-10(c)所示。从贯通的模式来看,主裂纹与次裂纹之间产生了典型的拉贯通,而两条次裂纹之间则产生了拉、剪混合贯通。通过这三个含多裂纹模型的数值模拟可以发现,岩桥与加载方向的角度对裂纹之间最终的连接贯通产生很大的影响,其中当裂纹之间的岩桥连线与加载方向平行时最容易产生裂纹贯通。产生这一现象的原因是:在单轴加载条件下,模型受到压缩产生侧向膨胀拉应力,使得裂纹在起裂后转向最大主应力方向(加载方向)发展,当新产生的拉裂纹扩展路径上存在裂纹缺陷时,自然也就使得两条裂纹之间发生连接贯通。由于裂纹起裂扩展使得试件中积聚的能量得以释放,从而导致了起裂裂纹周围的其他预制裂纹没有扩展或者扩展量很小。从贯通模式上分析,图 5-10 中发生贯通的主次裂纹之间岩桥长度较短,裂纹起裂后由于相互作用很快贯通形成拉贯通,而产生贯通的次裂纹之间岩桥长度较大,裂纹间的相互作用较弱,两条裂纹各自以拉裂纹的形式扩展了一段距离,接近之后才相互吸引贯通,最终产生了拉剪混合贯通模式。

5.4　双轴加载下的不等长双裂纹扩展模拟

之前本书所做的不等长裂纹扩展和贯通的物理试验以及数值模拟研究都是在单轴加载条件下进行的,但是根据以往学者的研究,在不同的侧向压力作用下,裂纹的扩展形态也会有较大的变化进而影响到裂纹之间的贯通连接。本节将对工况 28 参数模型进行多种侧向压力下的裂纹扩展研究。

侧向压力为 2.5 MPa 时的模拟过程见图 5-12。

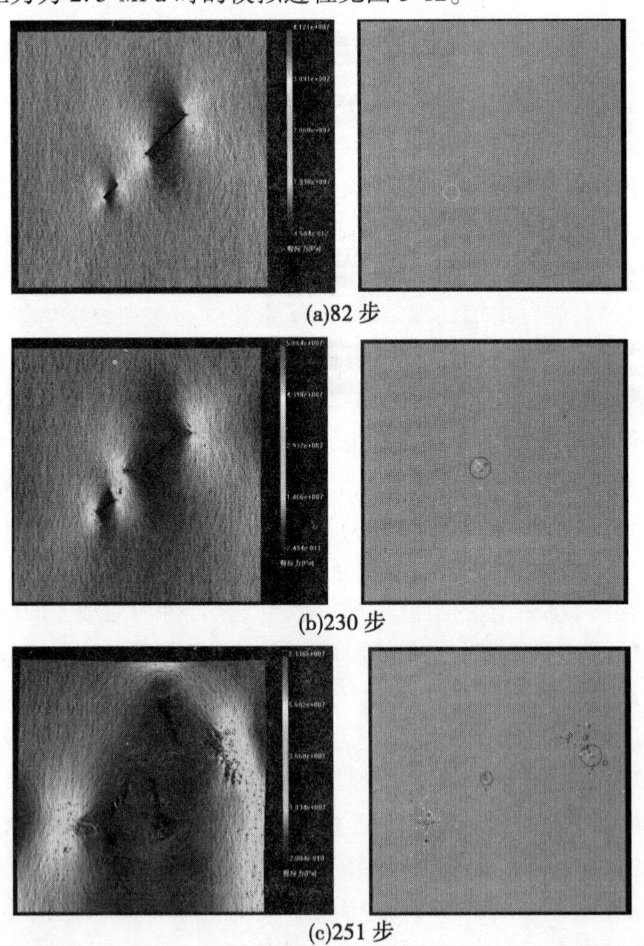

(a)82 步

(b)230 步

(c)251 步

图 5-12　侧向压力为 2.5 MPa 时试件的应力与声发射分布图

侧向压力为 5 MPa 时的模拟见图 5-13。

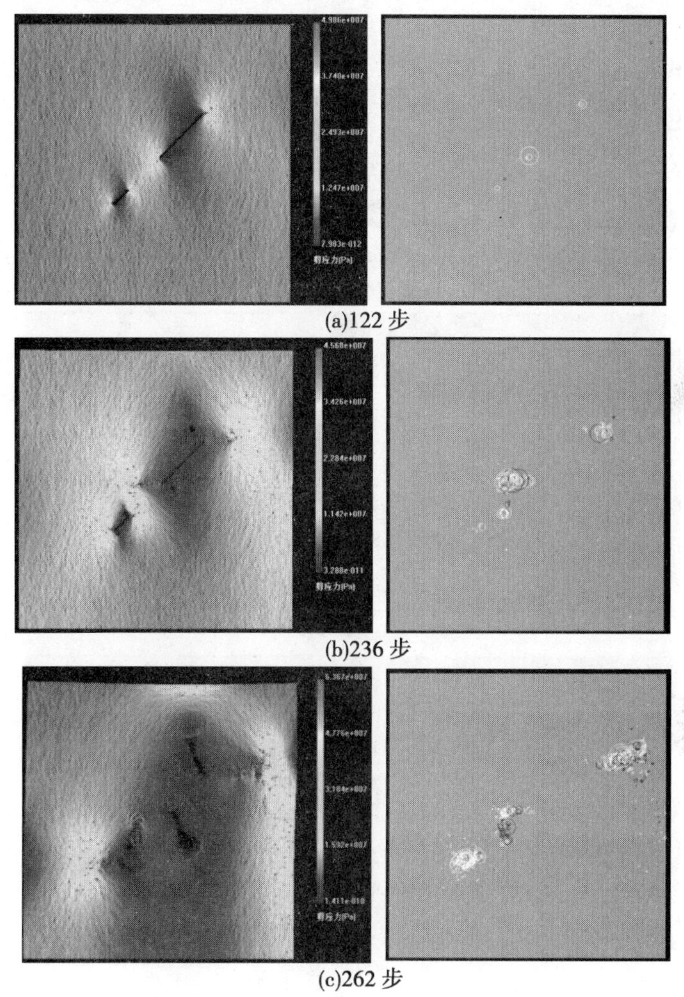

(a)122 步

(b)236 步

(c)262 步

图 5-13　侧向压力 5 MPa 时试件的应力与声发射分布图

侧向压力为 7.5 MPa 时的模拟过程见图 5-14。

在之前单轴加载的不等长裂纹扩展物理试验以及数值模拟试验中，预制主次裂纹萌生的新裂纹主要以翼裂纹（拉裂纹）为主，新生裂纹一般顺着最大主应力方向（加载方向）扩展。本节中在工况 28 模型的基础上进行了 2.5 MPa、5 MPa 以及 7.5 MPa 三种侧压模式的加载试验。从图 5-12 可以清晰地看出，在增加了 2.5 MPa 侧向压力的情况下，原工况 28 模型的裂纹扩展形态发生了明显的变化。在单轴加载时，主裂纹内外尖端的扩展主要以主生拉裂

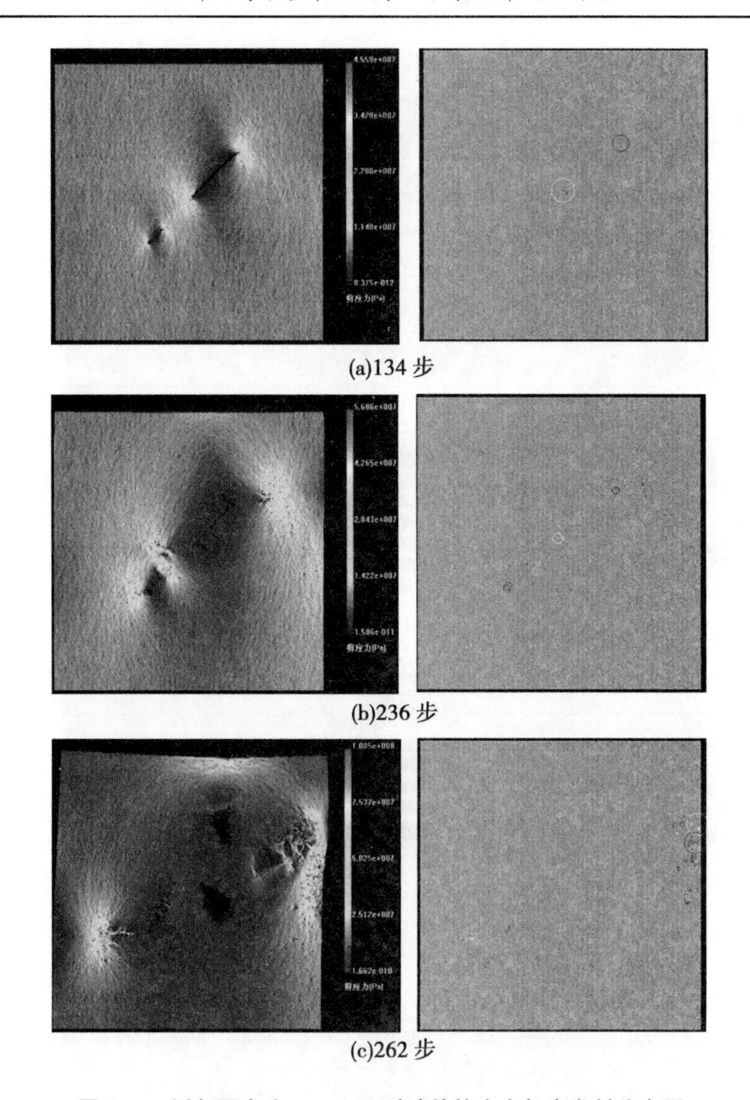

(a)134 步

(b)236 步

(c)262 步

图 5-14　侧向压力为 7.5 MPa 时试件的应力与声发射分布图

纹为主,次生裂纹的发育很短,而有了侧向压力作用之后,主裂纹内外尖端的主生拉裂纹只扩展了很短的一段距离就停止了扩展,然后在原主裂纹内外尖端处产生了横向扩展的次生裂纹,此时模型内的裂纹扩展以次生裂纹为主。从模型表面的应力分布图也可以看出此时模型中的应力集中区处于次生裂纹的尖端,而先产生的主生裂纹尖端处应力集中现象明显减弱。主次裂纹的贯通最终是以次生裂纹的连接而形成的,贯通模式为混合贯通。当侧向压力增大至 5 MPa 和 7.5 MPa 时可以清楚地看出主生裂纹随着侧向压力的增大而变得越来越短，虽然在试件破坏时主生裂纹也产生较大的扩展，但是试件破坏贯通的已经转变为由次生裂纹主导。

通过对工况28试件进行不同侧向压力下的数值模拟试验，发现侧向压力会对不等长裂纹的起裂强度产生明显的影响。图5-15清晰地显示出：随着侧向压力的逐渐增大，预制裂纹初始起裂时的应力值明显增大。在侧向压力为0 MPa的模拟过程中，预制裂纹的起裂强度为24.3 MPa，但是对试件施加了2.5 MPa的侧向压力之后，裂纹的起裂强度提升至28.2 MPa，随着侧向压力的增长，起裂强度也随之增大，但是从图上可以看出，侧向压力在5 MPa以内对裂纹起裂强度的提升较为明显，而侧向压力高于5 MPa之后对起裂强度的提升效应明显趋于减弱。这表明侧向压力在一定范围内的提升会对裂纹的起裂产生明显的抑制作用，这种作用体现为使得裂纹的起裂强度逐渐升高，在侧向压力处于中低水平（5 MPa以内）时，起裂强度提升非常明显，当侧向压力处于较高水平（5 MPa以上）时，起裂强度不再随之大幅度提高。

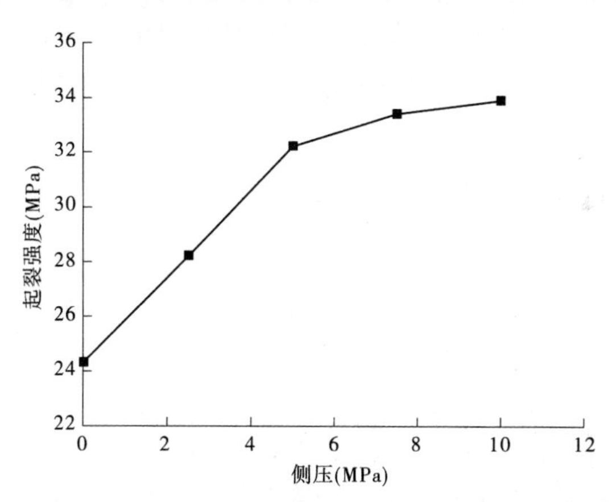

图5-15　含不等长双裂纹试件不同侧向压力的试件起裂强度对比曲线

5.5　本章小结

本章通过引入真实破坏过程分析方法RFPA系统对含多种不等长裂纹组合的模型进行了单轴、双轴加载数值模拟研究，得出结论如下：

（1）数值模拟中对应的声发射定位图显示，最初产生声发射现象的位置所对应的正是预制主裂纹的外尖端所在区域，表明了这一点处的单元已经发生破坏并且裂纹已经萌生，这同物理试验中高速相机观测到的绝大多数试件都是从预制主裂纹的外尖端开始起裂的现象相一致,进一步证明了对试件破坏起主控作用的关键点是尺度较大的主裂纹外尖端点。

(2)当岩桥长度达到或者超过主裂纹的长度时,不等长裂纹间的相互影响已经相对较弱,此时试件较难发生岩桥贯通破坏;随着次裂纹长度的逐渐减小,主、次裂纹之间的相互作用会减弱,使得裂纹之间的岩桥区难以发生贯通破坏。在固定的岩桥长度下,当次裂纹的长度小于主裂纹长度的 1/6 时,次裂纹对主裂纹的影响可忽略不计,并且由于次裂纹自身长度太短,其在加载过程中也很难积聚到足够的能量而起裂,这验证了本书物理试验所得到的结论。

(3)通过对含多裂纹模型的单轴加载数值模拟可以发现,岩桥与加载方向的角度对裂纹之间最终的连接贯通产生很大的影响,其中当裂纹之间的岩桥连线与加载方向平行时最容易产生裂纹贯通,贯通模式一般为拉贯通。

(4)侧向压力会使裂纹的扩展路径发生变化,使得主导试件贯通破坏的裂纹从主生裂纹转变为以次生裂纹为主,并且随着侧向压力的增大主生裂纹在加载过程中扩展量会逐渐减小,裂纹起裂时的强度也会随着侧向压力的升高有明显增大的趋势,表明了侧向压力对裂纹的起裂有限制的作用。

6 含不等长双裂纹模型的裂纹起裂强度研究

6.1 引 言

在工程当中,技术人员很早就发现固体材料的实际强度远远小于理论计算出的强度值,造成这种现象的原因是在实际工程当中材料普遍存在着诸如微小的裂隙和孔洞等一系列初始缺陷。由于大量的工程技术人员在实际工作当中需要解决一系列各种材料在复杂的应力状态下的强度问题,希望能够通过一些较为简单的物理试验来创建出复杂应力状态下的强度计算准则,因此产生了许多的岩石强度理论,即建立在各种应力状态下的破坏应力应变准则。岩石强度不同于岩体强度,岩体是相对于工程现场而言的,其所处的环境较为复杂,其本身的强度与自身的大小、倾向以及岩性和所处的环境有关。而岩石强度则可以用一个相对的物理实验室的概念,测定岩石强度的依据是岩石力学物理试验,而岩石的强度又是岩体强度的依据。

在实际的岩土工程当中,几乎所有的岩体都是含有裂隙和孔洞等各种各样的初始缺陷的复杂介质,而土木工程、采矿工程以及其他各类地质灾害都与裂隙的起裂与扩展规律有着紧密的联系。岩石在外荷载作用下或者外部环境变化的情况下,其内部所包含的裂隙在满足条件时会在原裂隙尖端处萌生出新的裂隙,进而扩展直至与相邻裂隙相互贯通,从而导致岩石的破坏。岩石当中的裂隙扩展和汇合不仅会对岩石强度造成影响,还会对周边围岩的稳定性产生不利的影响,从而引发一系列工程上的地质灾害。从损伤力学的观点来看,岩石的破坏是一个过程,不是一个状态。不能简单归结为破坏与非破坏二元逻辑。而岩体中所包含的裂隙系统通常都非常复杂多变,所含的裂隙数目众多,倾向和长度也各不相同。那么,假设存在一条或一组裂隙是对岩石的失稳破坏起决定作用,我们称这一条或一组裂隙为主控裂隙。同时,主控裂隙的周边又存在着一系列较小的裂隙,同主控裂隙相互影响,从而在主控裂隙与次要裂隙的相互影响和共同作用下最终导致岩石的失稳破坏。在 6.2 节中,作者首先概述了一些岩石基本强度理论的研究,在 6.3 节中,整理得到了

Weinstein 和 Sih. G. G. 求解出的含不等长双裂隙的裂隙尖端Ⅰ、Ⅱ型应力强度因子表达式。在 6.4 节结合Ⅰ-Ⅱ复合型裂纹等 $\sigma_\theta\varepsilon_\theta$ 线面积断裂(开裂)准则,求解出了Ⅰ-Ⅱ复合型不等长双裂隙的裂隙失稳断裂(起裂)时的强度表达式,并在随后的章节中对理论结果进行分析。

6.2 强度理论

目前,岩石具体是如何破坏的仍然不是十分明确,无论是从每一个微裂纹的产生和发展的详细过程,还是从许多微裂纹发展和合并最终导致整个结构的破坏。无论是哪种情况,其过程都极其复杂,难以通过简单模型来方便表征。尽管如此,由于工程技术上的迫切需要,我们需要破坏特性的某种测度,并且能够预测破坏何时会发生。在以前的研究中传统上应力被看成是原因,应变是结果,因此在材料试验中,早期的试验标准常用应力率试验。自然,材料的强度用试样破坏时的应力来表示。由于单轴和三轴试验在岩石力学和岩石工程中是最为常见的室内试验,破坏准则最明显的表达方法为:

$$\text{强度} = f(\sigma_1, \sigma_2, \sigma_3)$$

由于刚性伺服控制试验机的出现,以及采用的相应应变率控制试验,强度可以由下式表示:

$$\text{强度} = f(\varepsilon_1, \varepsilon_2, \varepsilon_3)$$

为了考虑其他控制形式的可能性,比如常能量率将导致更加复杂的强度准则出现:

$$\text{强度} = f(\sigma_1, \sigma_2, \sigma_3, \varepsilon_1, \varepsilon_2, \varepsilon_3)$$

虽然存在这么多的可能性,但是前人已经推导出和经常使用的破坏准则的数量和变化是相当有限的。摩尔-库伦准则表示破坏时剪应力和正应力的关系。平面格里菲斯准则通过设定微裂纹扩展所需要的应变来表示材料的单轴抗拉强度。Hoek-Brown 准则是拟合在 σ_1—σ_3 空间中的强度数据得到的经验准则。

本书将在下文简要描述这些常用的准则。

6.2.1 Coulomb-Navier 准则

Coulomb-Navier 准则假定岩石的破坏属于由正应力作用引起的岩石剪切破坏,这一破坏与剪切面上的剪应力以及该面上作用的正应力有关。岩石产生破坏的面并不是最大剪切应力作用面,而是考虑剪应力与正应力最不利组合的某一平面,即:

$$|\tau| = c + \sigma\tan\varphi \tag{6-1}$$

式中：φ 为岩石材料的内摩擦角；σ 为正应力；c 为岩石的黏聚力。

用应力莫尔圆可以更形象地表示该准则。

应力莫尔圆是一种用作图法来理解岩石破坏准则的直观方法。岩石内部一点的应力状态可以用应力莫尔圆表示，当它与抗剪强度直线相切时，岩石处于临界剪切破坏状态。应力莫尔圆与直线相交时岩石破坏，应力莫尔圆未与直线相交、相切时，岩石没有破坏。从图 6-1 中可以得到：

$$\sigma_1 = \frac{2c\cos\varphi}{1 - \sin\varphi} + \sigma_3\frac{1 + \sin\varphi}{1 - \sin\varphi} \tag{6-2}$$

$$\alpha = 45^\circ + \frac{\varphi}{2} \tag{6-3}$$

式中：α 为破裂面最大平面夹角。

由于岩石受力和尺寸对称，破裂面是成对或共轭出现的。

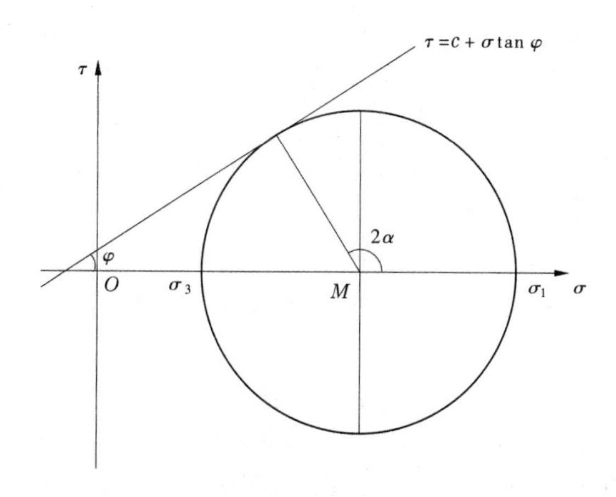

图 6-1 Mohr-Coulomb 屈服准则破裂面与滑移线的关系

Coulomb 强度准则是一种经验公式，它一般只适用于岩石材料的受压状态，对受拉状态不太适宜。Coulomb 准则存在的问题和不足是：它只考虑最大主应力和最小主应力对破坏的影响，并没有考虑中间主应力的影响。

6.2.2 Mohr 破坏准则

试验证明：在低围压下最大主应力 σ_1 和最小主应力 σ_3 的关系接近于式(6-2)的线性关系。但是当试件所受的侧向压力逐渐增大时，σ_1 和 σ_3 关系开始呈现非线性的特性。为了体现出材料的这一特点，Mohr 在大量的压剪和

三轴破坏试验的基础上建立了材料的破坏准则方程,即:

$$|\tau| = f(\sigma) \tag{6-4}$$

这一方程可以简化为多种形式,如斜直线、双曲线、抛物线以及双斜直线等,具体的选取以试验结果而定。

假设岩石内部某点的应力状态,由最大主应力 σ_1 和最小主应力 σ_3 组成的应力圆与包络线相交时,该点的岩石发生破裂,假如两者并不相交,则表明该点的岩石没有发生破坏。莫尔强度准则和 Coulomb 强度准则在理论假定中都没有考虑中间主应力对材料强度的影响,都属于剪切破坏类型。这两个准则之间可以在某些情况下相互转化,如果莫尔强度准则中的包络线由曲线退化为直线,此时的莫尔强度准则就转化为 Coulomb 强度准则。

从准则形式上来看,Coulomb 强度准则和莫尔强度准则之间的区别仅仅在于后者是直线到曲线的推广,但是莫尔破坏准则把包络线延伸至了拉应力区,具有重要的应用意义。

6.2.3　Hoek-Brown 强度准则

Hoek 等通过 σ_1—σ_3 空间中的强度数据进行最佳拟合得到了经验准则,这一准则是根据地质数据来评估岩石强度的,因此在岩石力学分析中的应用极为广泛,该准则可以表示为:

$$\sigma_1 = \sigma_3 + m(\sigma_c\sigma_3 + s\sigma_c^2)^{0.5} \tag{6-5}$$

式中:σ_1 为最大主应力;σ_3 为最小主应力;σ_c 为完整岩块的单轴抗压强度;m 和 s 分别为某种特定岩石类型的常数。

虽然常数 m 和 s 是来自于拟合过程,但它们也代表某种物理意义,考虑到这一点对工程技术人员是有帮助的。参数 s 与岩样中存在的断裂程度有关,是岩石黏聚力的一种代表。对于完全无破损的岩块,它的值是 1。对此可由 $\sigma_3 = 0$ 代入准则式(6-5)得到。由 $\sigma_1 = \sigma_c s^{0.5}$ 得 $s = 1$ 而得到验证。对于高度破损的岩石,s 值趋向于 0,而强度由峰值强度降至残余强度。参数 m 与颗粒咬合的程度有关:对于完整岩块其值较高,它随着破损程度的增加而减小。这个参数不存在一个明确的限制,它取决于岩石的种类和力学质量。将 $\sigma_1 = 0$ 和 $\sigma_t = -\sigma_3$ 代入准则,可得出抗拉强度和抗压强度之间的关系:

$$\sigma_t = -\sigma_c[m - (m^2 + 4s)^{0.5}]/2 \tag{6-6}$$

因此,两种强度之间的关系是岩石力学特性的一个函数。这里的强度是岩体的强度,因为通过参数 m,该准则不仅考虑了完整岩块的断裂,而且也考虑了大规模岩体的断裂。用分类法可建立参数 m 和 s 以及表示岩体质量的其他参数之间直接的关系,通过将 Hoek-Brown 准则中的 m、s 与摩尔-库伦准则中的 c 和 φ 联系起来,可以得到两准则直接的关系。

6.2.4　平面格里菲斯准则

绝大多数的岩石破坏准则都是基于材料的各向同性且均质、简单的弹塑性模型而建立的,没有考虑岩石中必然会含有的原始缺陷对其强度以及破坏的影响。1921 年 Griffith 在做玻璃的强度试验时发现:玻璃实际强度比固体强度理论值低 2~3 个数量级,他认为,玻璃在凝固成型时内部会产生大量随机分布的微裂纹,从而在受力时造成应力集中,当裂纹端部的拉应力超过该点的抗拉强度时,裂纹就扩展。

为了便于计算,Griffith 做了如下假定:

(1)材料内部存在着众多互不影响的裂纹;

(2)裂纹形状可近似地视为扁平椭圆形;

(3)忽略中间主应力对材料破坏的影响。

Griffith 准则的具体求解过程为:首先利用极值原理求解出椭圆形裂纹周边最大危险应力的大小和具体的位置,然后确定最危险裂纹长轴的方向和应力大小,最后将求得的极值应力和材料的单轴抗拉强度进行对比,从而建立 Griffith 脆性断裂破坏准则如下:

$$
\frac{(\sigma_1 - \sigma_3)^2}{8(\sigma_1 + \sigma_3)} = \sigma_t \quad (\sigma_1 + 3\sigma_3 > 0)
$$

$$
-\sigma_3 = \sigma_t \tag{6-7}
$$

当岩石处于单轴抗压时,$\sigma_3 = 0$,$\sigma_1 = \sigma_c$,那么由式(6-7)可以得到

$$
\sigma_c = 8\sigma_t \tag{6-8}
$$

从 Griffith 准则计算出的脆性材料的抗压强度为其抗拉强度的 8 倍,从而在理论上建立了岩石等脆性材料的抗压不抗拉的特征是 Griffith 准则的一大突破。同时它总结了单轴、三轴应力状态以及各种拉、压组合等不同的应力状态达到拉应力而断裂的共同特征。Griffith 准则实质上就是材料的拉伸破坏准则。

6.3　含不等长裂隙缺陷力学模型

前面两节内容综合概述了过去几十年来多位学者对多种材料(包括岩石)强度的研究。关于含等长双裂隙或多裂隙的岩石破坏研究,众多学者在理论和试验方面已经做了大量的研究,Horii 和 Nemat-Nasser、Ashby 和 Hallam

建立了含裂隙缺陷脆性介质峰值强度的理论模型，林鹏在 Ashby 和 Hallam、Wong 和 Chau 等的研究基础上对 Ashby 所建立的含裂隙缺陷脆性介质峰值强度的理论模型进行了修正，并用修正后的理论模型研究了单轴作用下岩石中裂纹缺陷萌生、扩展以及贯通和相互作用等因素影响下的岩石峰值强度。但是，研究中未能考虑Ⅱ型应力强度因子对试样强度的影响，而当裂隙与荷载方向存在倾角时，裂隙处于复杂的受力状态，裂隙尖端同时存在Ⅰ、Ⅱ型应力强度因子，并且绝大多数实际工程中各种受力构件中所包含的裂隙也是处于复合受力状态，显然，在计算受裂纹影响的材料强度时忽略Ⅱ型应力强度因子的影响是不合适的。

Weinstein 和 Sih. G. G. 在求解含不等长双裂隙的裂隙应力强度因子方面取得了一定的成果，求得了无限弹性板在含不等长双裂隙受拉时，不等长双裂隙各个裂隙尖端的应力强度因子表达式，下面将对其理论结果进行简要介绍，并结合王昌军、侯威等推导的Ⅰ-Ⅱ复合型裂纹 $\sigma_\theta\varepsilon_\theta$ 线面积断裂准则，求解出了Ⅰ-Ⅱ复合型不等长双裂纹的裂纹扩展强度表达式。

6.3.1　复合型不等长双裂纹强度因子

假设一个无限弹性板，包含有一长一短两条穿透型共线裂纹缺陷，两条不等长共线裂纹受到与裂纹成 β 角的拉力，裂纹尺寸和分布如图 6-1 所示。

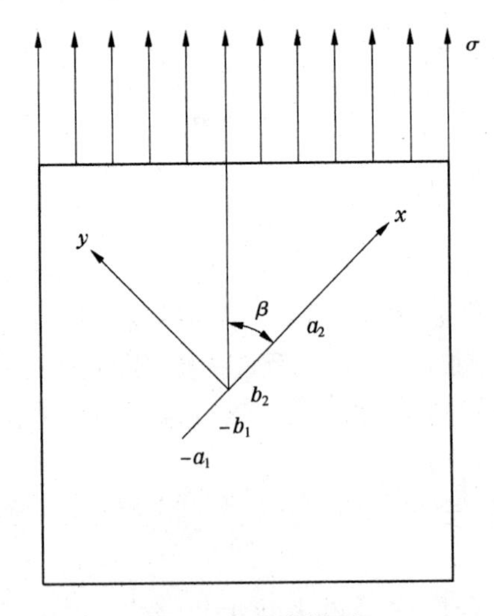

图 6-2　力学模型

在上述受力状态下，Weinstein 和 Sih. G. G. 求得两裂纹的各端应力强度因子为：

（1）次（左）裂纹的左端：

$$K_{\mathrm{I}} - iK_{\mathrm{II}} = 2\sqrt{2\pi}\frac{c_0 a_1^2 + c_1 a_1 + c_2}{\sqrt{(b_1 - a_1)(a_2 - a_1)(b_2 - a_1)}} \tag{6-9}$$

（2）次（左）裂纹的右端：

$$K_{\mathrm{I}} - iK_{\mathrm{II}} = -2\sqrt{2\pi}\frac{c_0 b_1^2 + c_1 b_1 + c_2}{\sqrt{(b_1 - a_1)(b_2 - b_1)(a_2 - b_1)}} \tag{6-10}$$

（3）主（右）裂纹的左端：

$$K_{\mathrm{I}} - iK_{\mathrm{II}} = -2\sqrt{2\pi}\frac{c_0 a_2^2 + c_1 a_2 + c_2}{\sqrt{(b_2 - a_2)(a_2 - a_1)(a_2 - b_1)}} \tag{6-11}$$

（4）主（右）裂纹的右端：

$$K_{\mathrm{I}} - iK_{\mathrm{II}} = 2\sqrt{2\pi}\frac{c_0 b_2^2 + c_1 b_2 + c_2}{\sqrt{(b_2 - a_2)(b_2 - a_1)(b_2 - b_1)}} \tag{6-12}$$

式中参数 c_0、c_1 和 c_2 分别为

$$c_0 = \frac{\sigma}{4}(1 - \mathrm{e}^{2i\beta}) \tag{6-13}$$

$$c_1 = c_0\frac{-(b_2 + a_1)F(k) + 2b_2\Pi(m,k) + 2a_1\Pi(n,k) + (b_2 - a_1)[I_2(n,k) - I_2(m,k)]}{F(k) - \Pi(n,k) - \Pi(m,k)} \tag{6-14}$$

$$c_2 = -c_1\left[a_1 + (b_2 - a_1)\frac{\Pi(n,k)}{F(k)}\right] - c_0\left[a_1^2 + 2(b_2 - a_1)a_1\frac{\Pi(n,k)}{F(k)} + (b_2 - a_1)^2\frac{I_2(n,k)}{F(k)}\right] \tag{6-15}$$

其中

$$I_2(n,k) = \int_0^{\frac{\pi}{2}}\frac{\mathrm{d}\varphi}{(1 + n\sin^2\varphi)\sqrt{1 - k^2\sin^2\varphi}} \tag{6-16}$$

式中：$F(k)$ 为第一类完全椭圆积分；$\Pi(n,k)$ 为第三类完全椭圆积分，其表达式如下：

$$F(k) = \int_0^{\frac{\pi}{2}}\frac{\mathrm{d}\theta}{\sqrt{1 - k^2\sin^2\theta}} \tag{6-17}$$

或者

$$F(k) = \int_0^1\frac{\mathrm{d}t}{\sqrt{(1 - t^2)(1 - k^2t^2)}}$$

$$\Pi(n,k)=\int_0^{\frac{\pi}{2}}\frac{d\theta}{\sqrt{(1-n\sin^2\theta)}\sqrt{1-k^2\sin^2\theta}} \tag{6-18}$$

第一类完全椭圆积分 $F(k)$ 和第三类完全椭圆积分 $\Pi(n,k)$ 的模数 k 由下式确定：

$$k=\sqrt{mn}$$

且

$$m=\frac{a_1-b_1}{b_2+b_1}\quad n=\frac{a_2-b_2}{a_2+a_1}$$

以上是 Weinstein 和 Sih. G. G. 推导的共线不等长双裂纹的各个裂纹尖端的Ⅰ-Ⅱ应力强度因子表达式，但是公式未整理出Ⅰ-Ⅱ应力强度因子各自表达式，为了在后续推导中将Ⅰ-Ⅱ应力强度因子代入Ⅰ-Ⅱ复合型裂纹 $\sigma_\theta\varepsilon_\theta$ 线面积断裂准则，现将公式整理如下。

令：

$$c_1=\frac{\sigma}{4}(1-e^{2i\beta})D$$

$$c_2=\frac{\sigma}{4}(1-e^{2i\beta})DE-\frac{\sigma}{4}(1-e^{2i\beta})F$$

式中：

$$D=\frac{-(b_2+a_1)F(k)+2b_2\Pi(m,k)+2a_1\Pi(n,k)+(b_2+a_1)[I_2(n,k)-I_2(m,k)]}{F(k)-\Pi(n,k)-\Pi(m,k)} \tag{6-19}$$

$$E=a_1+(b_2+a_1)\frac{\Pi(n,k)}{F(k)} \tag{6-20}$$

$$F=a_1^2+2(b_2+a_1)a_1\frac{\Pi(n,k)}{F(k)}+(b_2+a_1)^2\frac{I_2(n,k)}{F(k)} \tag{6-21}$$

以次裂纹内尖端应力强度因子为例，其应力强度因子可表示为：

$$K_{\mathrm{I}}-iK_{\mathrm{II}}=-2\sqrt{2\pi}\frac{\frac{\sigma}{4}(1-e^{2i\beta})b_1^2+\frac{\sigma}{4}(1-e^{2i\beta})Db_1-\frac{\sigma}{4}(1-e^{2i\beta})(DE+F)}{\sqrt{(b_1-a_1)(b_2-b_1)(a_2-b_1)}}$$

整理可得：

$$K_{\mathrm{I}}-iK_{\mathrm{II}}=-2\sqrt{2\pi}\frac{(b_1^2+Db_1-DE-F)\frac{\sigma}{4}(1-e^{2i\beta})}{\sqrt{(b_1-a_1)(b_2-b_1)(a_2-b_1)}} \tag{6-22}$$

式中：

$$e^{2i\beta} = \sin 2\beta i + \cos 2\beta \tag{6-23}$$

将式(6-23)代入式(6-22)：

$$K_{\mathrm{I}} - iK_{\mathrm{II}} = -\sqrt{2\pi}\frac{(b_1^2 + Db_1 - DE - F)\dfrac{\sigma}{2}(1 - \sin 2\beta i - \cos 2\beta)}{\sqrt{(b_1 - a_1)(b_2 - b_1)(a_2 - b_1)}}$$

整理后可得：

$$K_{\mathrm{I}} - iK_{\mathrm{II}} = -\sqrt{2\pi}\frac{(b_1^2 + Db_1 - DE - F)\sigma(1 - \cos 2\beta)}{2\sqrt{(b_1 - a_1)(b_2 - b_1)(a_2 - b_1)}} + \sqrt{2\pi}\frac{(b_1^2 + Db_1 - DE - F)\sigma \sin 2\beta i}{2\sqrt{(b_1 - a_1)(b_2 - b_1)(a_2 - b_1)}}$$

所以，次裂纹内尖端的Ⅰ、Ⅱ型应力强度因子分别为：

$$K_{\mathrm{I}} = -\sqrt{2\pi}\frac{(b_1^2 + Db_1 - DE - F)\sigma(1 - \cos 2\beta)}{2\sqrt{(a_1 - b_1)(b_2 + b_1)(a_2 + b_1)}} \tag{6-24}$$

$$K_{\mathrm{II}} = -\sqrt{2\pi}\frac{(b_1^2 + Db_1 - DE - F)\sigma \sin 2\beta}{2\sqrt{(a_1 - b_1)(b_2 + b_1)(a_2 + b_1)}} \tag{6-25}$$

同理，可求得次裂纹外尖端：

$$K_{\mathrm{I}} = \sqrt{2\pi}\frac{(a_1^2 + Da_1 - DE - F)\sigma(1 - \cos 2\beta)}{2\sqrt{(a_1 - b_1)(a_2 + a_1)(b_2 + a_1)}} \tag{6-26}$$

$$K_{\mathrm{II}} = \sqrt{2\pi}\frac{(a_1^2 + Da_1 - DE - F)\sigma \sin 2\beta}{2\sqrt{(a_1 - b_1)(a_2 + a_1)(b_2 + a_1)}} \tag{6-27}$$

主裂纹内尖端：

$$K_{\mathrm{I}} = \sqrt{2\pi}\frac{(b_2^2 + Db_2 - DE - F)\sigma(1 - \cos 2\beta)}{2\sqrt{(a_2 - b_2)(b_2 + a_1)(b_2 + b_1)}} \tag{6-28}$$

$$K_{\mathrm{II}} = \sqrt{2\pi}\frac{(b_2^2 + Db_2 - DE - F)\sigma \sin 2\beta}{2\sqrt{(a_2 - b_2)(a_1 + b_2)(b_2 + b_1)}} \tag{6-29}$$

主裂纹外尖端：

$$K_{\mathrm{I}} = -\sqrt{2\pi}\frac{(a_2^2 + Da_2 - DE - F)\sigma(1 - \cos 2\beta)}{2\sqrt{(a_2 - b_2)(a_2 + a_1)(a_2 + b_1)}} \tag{6-30}$$

$$K_{\mathrm{II}} = -\sqrt{2\pi}\frac{(a_2^2 + Da_2 - DE - F)\sigma \sin 2\beta}{2\sqrt{(a_2 - b_2)(a_2 + a_1)(a_2 + b_1)}} \tag{6-31}$$

6.3.2　复合型裂纹断裂准则

实际工程中,绝大多数裂纹都处于复合型状态。到目前为止,大多数针对复合型断裂的研究所提出的断裂准则是利用裂纹尖端较近区域某一点的应变、应力、应变能密度和位移等一系列参数作为基本参量。王昌军等通过分析等 $\sigma_\theta \varepsilon_\theta$ 线所包含的区域内面积大小,创建了等 $\sigma_\theta \varepsilon_\theta$ 线面积断裂准则,现将前文所整理出的各裂纹尖端Ⅰ、Ⅱ型应力强度因子代入Ⅰ-Ⅱ复合型裂纹等 $\sigma_\theta \varepsilon_\theta$ 线面积断裂准则,从而可以求解出各个裂纹尖端起裂时的极限应力。

根据线弹性断裂力学知识可以求出Ⅰ-Ⅱ复合型裂纹尖端区域的应力场为:

$$\left.\begin{aligned}
\sigma_r &= \frac{1}{2\sqrt{2\pi r}}\cos\frac{\theta}{2}K_{\mathrm{I}}(3-cos\theta)+\frac{1}{2\sqrt{2\pi r}}\sin\frac{\theta}{2}K_{\mathrm{II}}(3\cos\theta-1)\\
\sigma_\theta &= \frac{1}{2\sqrt{2\pi r}}\cos\frac{\theta}{2}[K_{\mathrm{I}}(1+\cos\theta)-3K_{\mathrm{II}}\sin\theta]\\
\tau_{r\theta} &= \frac{1}{2\sqrt{2\pi r}}\cos\frac{\theta}{2}[K_{\mathrm{I}}\sin\theta-K_{\mathrm{II}}(3\cos\theta-1)]
\end{aligned}\right\} \tag{6-32}$$

式中:r 为极径;θ 为极角;K_{I}、K_{II} 分别为Ⅰ型、Ⅱ型应力强度因子;σ_r、σ_θ、$\tau_{r\theta}$ 为应力分量。

假设 P 为周向应力与周向应变的乘积,则有:

$$P=\sigma_\theta\varepsilon_\theta=\frac{1}{E}(\sigma_\theta^2-\upsilon\sigma_r\sigma_\theta) \tag{6-33}$$

式中:E 为材料的弹性模量;υ 为泊松比;σ_θ 为周向应力;ε_θ 为周向应变。

将Ⅰ、Ⅱ复合型裂纹尖端区域的应力场表达式(6-32)代入式(6-33),可求得:

$$P=\frac{1}{32\pi Gr}(A_{11}K_{\mathrm{I}}^2+A_{12}K_{\mathrm{I}}K_{\mathrm{II}}+A_{22}K_{\mathrm{II}}^2) \tag{6-34}$$

式中:G 为剪切弹性模量;A_{11}、A_{12}、A_{22} 为系数,其表达式分别为:

$$\left.\begin{aligned}
A_{11} &= (\alpha-2)+(2\alpha-3)\cos\theta+\alpha\cos^2\theta+\cos^3\theta\\
A_{12} &= 2[(3-2\alpha)\sin\theta-\alpha\sin2\theta-3\cos^2\theta\sin\theta]\\
A_{22} &= 3\alpha\sin^2\theta+9\sin^2\theta\cos\theta
\end{aligned}\right\} \tag{6-35}$$

上式中在平面应变状态下 $\alpha=3-4\upsilon$,在平面应力状态下 $\alpha=\dfrac{3-\upsilon}{1+\upsilon}$。

设 $P = P_0 =$ 常数，则

$$r = \frac{1}{32\pi G P_0}(A_{11}K_{\mathrm{I}}^2 + A_{12}K_{\mathrm{I}}K_{\mathrm{II}} + A_{22}K_{\mathrm{II}}^2) \tag{6-36}$$

Ⅰ-Ⅱ复合型裂纹的等 $\sigma_\theta\varepsilon_\theta$ 线面积断裂判别准则必须满足的两个条件为：①裂纹在扩展的初始阶段，其扩展方向为裂纹的尖端到等 $\sigma_\theta\varepsilon_\theta$ 线最短的距离方向；②当裂纹尖端附近等 $\sigma_\theta\varepsilon_\theta$ 线所包含区域内的面积达到了Ⅰ型断裂面积的临界值时，裂纹将发生失稳扩展。

根据断裂准则需要满足的第一个条件，裂纹的起裂角度以及其扩展的方位必须由下面的条件确定：

$$\left.\frac{\mathrm{d}r}{\mathrm{d}\theta}\right|_{\theta=\theta_0} = 0,\qquad \left.\frac{\mathrm{d}^2 r}{\mathrm{d}\theta^2}\right|_{\theta=\theta_0} > 0 \tag{6-37}$$

当 $\theta = \theta_0$ 时，开裂角的方程为

$$[(3-2\alpha)\sin\theta_0 - (2+1.5\cos\theta_0)\sin 2\theta_0]K_{\mathrm{I}}^2 + 2[-2\alpha\cos 2\theta_0 + (9\sin^2\theta_0 - 2\alpha)\cos\theta_0]K_{\mathrm{I}}K_{\mathrm{II}} + [(18-27\sin^2\theta_0)\sin\theta_0 + 3\alpha\sin 2\theta_0]K_{\mathrm{II}}^2 = 0 \tag{6-38}$$

此时，裂纹尖端区域内等 $\sigma_\theta\varepsilon_\theta$ 线所包围的面积 A 为：

$$A = \int_{-\pi}^{\pi}\frac{1}{2}r^2\mathrm{d}\theta \tag{6-39}$$

把式(6-36)代入式(6-39)可以求得：

$$A = \frac{1}{128\pi G^2 P_0^2}(B_{11}K_{\mathrm{I}}^2 + B_{12}K_{\mathrm{I}}K_{\mathrm{II}} + B_{22}K_{\mathrm{II}}^2) \tag{6-40}$$

式中：B_{11}、B_{12}、B_{22} 为系数，其表达式为：

$$\left.\begin{aligned} B_{11} &= \frac{43}{4}\alpha^2 - \frac{45}{2}\alpha + \frac{123}{8} \\ B_{12} &= \frac{55}{2}\alpha^2 - 39\alpha + \frac{45}{4} \\ B_{22} &= \frac{27}{4}\alpha^2 + \frac{27}{4} \end{aligned}\right\} \tag{6-41}$$

通过以上所设的准则的第二个条件可知，等 $\sigma_\theta\varepsilon_\theta$ 线所包含区域内的面积达到了临界值 A_{cr} 时，即是裂纹尖端开始扩展的时候，所以开裂条件为：

$$A = A_{cr} \tag{6-42}$$

式中：

$$A_{cr} = \frac{1}{512\pi G^2 P_0^2}\left(\frac{43}{4}\alpha^2 - \frac{45}{2}\alpha + \frac{123}{8}\right) K_{IC}^2 \tag{6-43}$$

式中：K_{IC} 为材料的断裂韧度，将式(6-40)和式(6-43)代入式(6-42)可求得：

$$F_{11}K_{\mathrm{I}}^4 + F_{12}K_{\mathrm{I}}^2 K_{\mathrm{II}}^2 + F_{22}K_{\mathrm{II}}^4 = K_{IC}^4 \tag{6-44}$$

式中：系数 F_{11}、F_{12}、F_{22} 分别表示为：

$$\left.\begin{aligned} F_{11} &= 1 \\ F_{12} &= \frac{220\alpha^2 - 312\alpha + 90}{86\alpha^2 - 180\alpha + 123} \\ F_{22} &= \frac{54\alpha^2 + 54}{86\alpha^2 - 180\alpha + 123} \end{aligned}\right\} \tag{6-45}$$

式(6-44)即为Ⅰ-Ⅱ复合型裂纹等 $\sigma_\theta\varepsilon_\theta$ 线面积断裂(开裂)准则。

6.3.3 主裂纹起裂强度

前两节整理出了Ⅰ-Ⅱ应力强度因子表达式以及简述了Ⅰ-Ⅱ复合型裂隙等 $\sigma_\theta\varepsilon_\theta$ 线面积断裂(开裂)准则。鉴于之前针对复合受力状态下含裂隙模型的强度研究大多未能考虑裂隙尖端Ⅱ型应力强度因子的影响，所以本书整理出了 Weinstein 和 Sih. G. G. 求解出的含不等长双裂隙的裂隙尖端Ⅰ、Ⅱ型应力强度因子表达式，并结合Ⅰ-Ⅱ复合型裂纹等 $\sigma_\theta\varepsilon_\theta$ 线面积断裂(开裂)准则，求解出了Ⅰ-Ⅱ复合型不等长双裂纹的裂纹失稳断裂(起裂)时的强度表达式。

同样地，以次裂纹内尖端为例来分析，令：

$$G = -\sqrt{2\pi}\,\frac{b_1^2 + Db_1 - DE - F}{2\sqrt{(a_1 - b_1)(b_2 + b_1)(a_2 + b_1)}} \tag{6-46}$$

则次裂纹内尖端的Ⅰ、Ⅱ型应力强度因子可表示为：

$$\left.\begin{aligned} K_{\mathrm{I}} &= G\sigma(1 - \cos 2\beta) \\ K_{\mathrm{II}} &= G\sigma\sin 2\beta \end{aligned}\right\} \tag{6-47}$$

将式(6-47)代入等 $\sigma_\theta\varepsilon_\theta$ 线面积断裂(开裂)准则(6-44)可得：

$$F_{11}G^4(1 - \cos 2\beta)^4\sigma^4 + F_{12}G^4(1 - \cos 2\beta)^2(\sin 2\beta)^2\sigma^4 + F_{22}G^4(\sin 2\beta)^4\sigma^4 = K_{IC}^4 \tag{6-48}$$

整理上式可得：

$$\sigma_c^{b_1} = \frac{K_{IC}}{G\sqrt[4]{F_{11}(1 - \cos 2\beta)^4 + F_{12}(1 - \cos 2\beta)^2(\sin 2\beta)^2 + F_{22}(\sin 2\beta)^4}} \tag{6-49}$$

式(6-49)即为共面不等长双裂隙在单向受拉时次裂纹内尖端处开裂时的起裂强度。同理,可以求出其他几个裂隙尖端处开裂时的起裂强度表达式。

在次裂纹外尖端,令:

$$H = \sqrt{2\pi}\frac{a_1^2 + Da_1 - DE - F}{2\sqrt{(a_1 - b_1)(a_2 + a_1)(b_2 + a_1)}}$$

则次裂纹外尖端处开裂时的起裂强度为:

$$\sigma_c^{a_1} = \frac{K_{IC}}{H\sqrt[4]{F_{11}(1 - \cos 2\beta)^4 + F_{12}(1 - \cos 2\beta)^2(\sin 2\beta)^2 + F_{22}(\sin 2\beta)^4}} \tag{6-50}$$

在主裂纹内尖端处,令:

$$I = \sqrt{2\pi}\frac{b_2^2 + Db_2 - DE - F}{2\sqrt{(a_2 - b_2)(b_2 + a_1)(b_2 + b_1)}}$$

则主裂纹内尖端处开裂时的起裂强度为:

$$\sigma_c^{b_2} = \frac{K_{IC}}{I\sqrt[4]{F_{11}(1 - \cos 2\beta)^4 + F_{12}(1 - \cos 2\beta)^2(\sin 2\beta)^2 + F_{22}(\sin 2\beta)^4}} \tag{6-51}$$

在主裂纹外尖端处,令:

$$J = -\sqrt{2\pi}\frac{a_2^2 + Da_2 - DE - F}{2\sqrt{(a_2 - b_2)(a_2 + a_1)(a_2 + b_1)}}$$

则主裂纹外尖端处开裂时的起裂强度为:

$$\sigma_c^{a_2} = \frac{K_{IC}}{J\sqrt[4]{F_{11}(1 - \cos 2\beta)^4 + F_{12}(1 - \cos 2\beta)^2(\sin 2\beta)^2 + F_{22}(\sin 2\beta)^4}} \tag{6-52}$$

在6.4节中,作者将用主裂隙尖点处开裂时的起裂强度公式对本书中类岩石材料试样的预制裂隙起裂强度进行计算,并将数值试验的结果进行对比分析研究。

6.4 不等长裂纹理论模型的验证

本章6.3节结合Weinstein和Sih. G. G.求解出的含不等长双裂纹的裂纹尖端Ⅰ、Ⅱ型应力强度因子表达式与Ⅰ-Ⅱ复合型裂纹等$\sigma_\theta\varepsilon_\theta$线面积断裂(开裂)准则,求解出了Ⅰ-Ⅱ复合型不等长双裂纹的裂纹失稳起裂时的强度表达式。由于试验条件的限制,很难对含不等长裂纹的脆性类岩石材料进行受拉试验来验证本书所求解的裂纹起裂强度表达式,所以在本节中将所求得的裂纹起裂强度表达式同数值试验的结果进行对比分析,并分析共面不等长裂纹与加载方向的夹角变化以及岩桥长度、次裂纹长度的变化对主裂纹起裂强度的影响。

本书6.3节中求得了共面不等长双裂纹各个裂纹尖端的起裂强度,通过代入本书物理试验中类岩石材料的力学参数分析,发现起裂强度最小的是主裂纹的外尖端点,这与物理试验以及数值模拟试验所得到的结果一致(裂纹在试验中的初始起裂点为主裂纹外尖端),所以在本节的分析中,均以主裂纹外尖端处的起裂强度作为分析对象。计算中所涉及的材料力学参数同物理试验中试验材料一致,材料的抗拉强度在2.3~3.2 MPa。表6-1给出了各个裂纹布置参数的模型理论计算起裂强度和数值计算的起裂强度对比。

表6-1　单轴作用下含不等长双裂纹的裂纹起裂强度对比

工况	主裂纹长度(mm)	次裂纹长度(mm)	岩桥长度(mm)	裂纹面倾角	理论计算(MPa)	数值试验(MPa)
改变裂纹面与加载方向夹角	24	12	12	90°	1.144	1.013
				75°	1.161	1.095
				60°	1.234	1.116
				45°	1.435	1.384
				30°	1.945	1.578
				15°	2.061	1.994
改变岩桥长度	24	12	6	45°	1.361	1.245
			12		1.435	1.384
			18		1.481	1.469
			24		1.524	1.524
			36		1.574	1.557
改变次裂纹长度	24	16	12	45°	1.354	1.273
		12			1.435	1.384
		8			1.564	1.507
		4			1.725	1.617
		2			1.796	1.739

表6-1详细列出了多种主次裂纹几何参数布置下的裂纹起裂强度理论计算值与数值计算值,通过对比可以发现,理论计算求得的裂纹起裂强度基本都

高于数值计算求出的值,这是因为理论力学模型中没有将材料的非均匀性考虑在内,而本书数值计算采用的RFPA系统用统计损伤的本构关系考虑了材料的非均匀性和缺陷分布的随机性,所以在数值模拟计算中得到的起裂强度值相对于理论计算值结果偏低。

从表6-1可以看出,主裂纹外尖端处的起裂强度与裂纹面倾角、岩桥长度以及次裂纹的长度有关,下面将根据这几个参数同裂纹起裂强度的关系曲线来加以分析说明。

试件中主裂纹的起裂强度,指的是预制裂纹尖端起裂时所需要的外部应力,或者从另一个角度来说就是积聚在预制主裂纹尖端的能量开始释放时应力集中的程度。通过图6-3~图6-5可以看出,对于含不等长双裂纹的试件,当预制裂纹与加载方向的夹角为90°(裂纹面与加载方向垂直)时,预制主裂纹的起裂强度最低,随着裂纹面与加载方向的夹角越来越小,裂纹的起裂强度逐渐提高,逐渐接近材料的抗拉强度(2.3 MPa)。从这三个曲线也可以看出裂纹角度的变化所造成的裂纹起裂强度波动范围最大,说明对起裂强度影响最大的因素是裂纹面与加载方向的夹角。本书所建立的力学模型是单轴拉伸状态下的含不等长双裂纹试件,在受拉状态下,裂纹面与加载方向互相垂直时,裂纹的受力状态属于纯Ⅰ型张开型裂纹,裂纹径向受拉时也最容易张裂导致了理论计算的裂纹起裂强度最低。随着裂纹倾角逐渐变小,裂纹处于复合受力状态,裂纹尖端同时存在Ⅰ、Ⅱ型强度因子,此时裂纹的起裂强度逐渐提高,当裂纹面接近或者平行于加载方向时,理论计算出的裂纹起裂强度接近于材料的抗拉强度,因为裂纹平行于受拉方向时既不产生张开的趋势也不产生相互错动的趋势(假设试件受力均匀且平衡),此时裂纹对材料强度的影响极小。

岩桥长度的变化也会对裂纹的起裂强度产生影响,但是相对于裂纹面角度的影响较小。从图6-4可以看出,在裂纹面与加载方向成45°夹角的情况下,随着岩桥长度的增大,主裂纹的起裂强度略有升高,但是增加的幅度较小。岩桥长度的增大会使得两裂纹之间的相互作用减弱,使得裂纹之间的岩桥区难以形成较大的应力集中区域,从而使得裂纹起裂的趋势减弱,但是当岩桥长度大于一定距离之后,两裂纹之间的相互作用已经小至可以忽略不计,所以从曲线上可以看出随着岩桥长度的增大起裂强度增幅有限。

从图6-5可以看出,次裂纹的长度也会对主裂纹的起裂产生影响。随着次裂纹长度的增加,主裂纹的起裂强度是逐渐降低的,因为次裂纹长度的增加会使得试件内缺陷增大,试件的有效承载面积减小而造成裂纹尖端的应力集

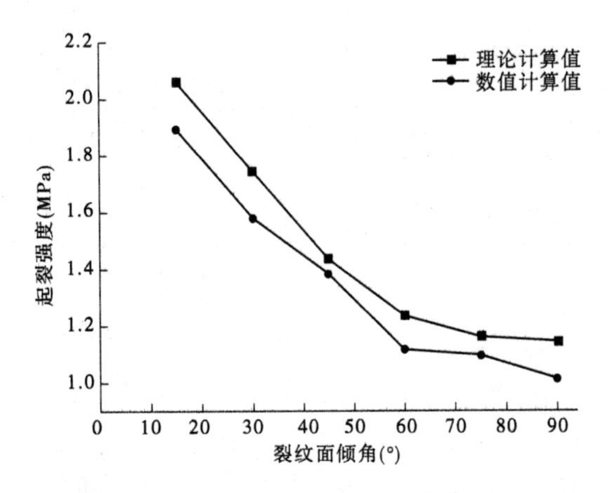

图 6-3　含不等长双裂纹试件不同裂纹面角度裂纹起裂强度对比曲线

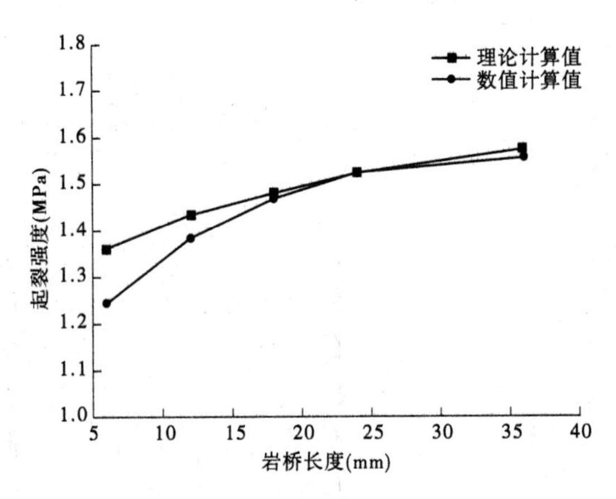

图 6-4　含不等长双裂纹试件不同岩桥长度裂纹起裂强度对比曲线

中现象加剧,从而造成了裂纹更易起裂的趋势。

6.5　本章小结

本章 6.4 节结合 Weinstein 和 Sih. G. G. 求解出的含不等长双裂纹的裂纹尖端Ⅰ、Ⅱ型应力强度因子表达式与Ⅰ-Ⅱ复合型裂纹等 $\sigma_\theta \varepsilon_\theta$ 线面积断裂(开裂)准则,求解出了Ⅰ-Ⅱ复合型不等长双裂纹的裂纹失稳起裂时的强度表达式为:

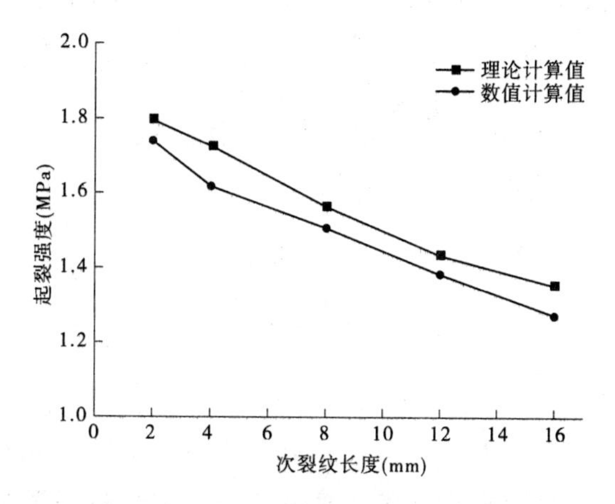

图 6-5　含不等长双裂纹试件不同次裂纹长度下主裂纹起裂强度对比曲线

$$\sigma_c^{a_2} = \frac{K_{IC}}{J\sqrt[4]{F_{11}(1-\cos2\beta)^4 + F_{12}(1-\cos2\beta)^2(\sin2\beta)^2 + F_{22}(\sin2\beta)^4}}$$

通过将所求得的裂纹起裂强度表达式同数值试验的结果进行对比分析，得到如下结论：

(1)对主裂纹起裂强度影响最大的因素是裂纹面与加载方向的夹角，随着裂纹与加载方向夹角逐渐变小，裂纹的起裂强度会逐渐提高，当裂纹面接近或者平行于加载方向时，理论计算出的裂纹起裂强度接近于材料的抗拉强度。

(2)岩桥长度的变化也会对裂纹的起裂强度产生影响，岩桥长度的增大会使得两裂纹之间的相互作用减弱，使得裂纹之间的岩桥区难以形成较大的应力集中区域，从而使得裂纹起裂强度提高，但是增大的幅度较小。

(3)随着次裂纹长度的增加，会使得试件内缺陷增大，试件的有效承载面积减小而造成裂纹尖端的应力集中现象加剧，从而使主裂纹的起裂强度逐渐降低。

7　结论与展望

7.1　主要研究结论

岩体当中的原生裂纹是一个具备多种尺度裂纹的系统,裂纹系统的存在会对岩体的稳定以及破坏产生影响,但是对岩体稳定性起主导作用的往往是那些具有一定尺度和规模的主裂纹,而岩体当中的主裂纹和尺度较小的次裂纹又存在着相互影响和相互作用,从而形成岩体当中的裂纹系统。对岩体当中的裂纹系统进行研究,区分出对岩体的稳定起主导作用的主裂纹,并对主次裂纹之间的相互影响进行研究具有重要的理论和实际工程意义。本书首先介绍了裂纹的基本概念以及分类,随后通过物理试验、数字散斑相关方法(DSCM)、数值试验以及理论研究的方法研究了在准静态加载条件下,含不等长多裂纹的试件的裂纹扩展规律,基于本书的研究工作得出了以下结论:

(1)含不等长裂纹的试件在外荷载作用下,对试件的失稳破坏起主导作用的是尺度较大的裂纹,即主裂纹;在物理试验过程中,几乎所有工况试件中的主裂纹都在试验过程中最先发生了扩展,尺度较短的次裂纹在加载过程中是否发生扩展,主要与岩桥长度以及裂纹与加载方向的夹角有关;随着岩桥长度的增加,裂纹之间的相互影响会趋于减弱,次裂纹在荷载作用下发生扩展的概率会逐渐减小;当裂纹面与加载方向成30°~60°夹角时,试件中预制次裂纹更容易发生扩展而造成岩桥贯通。

(2)通过高速摄像机系统,在物理试验过程中捕捉到了脆性类岩石材料试件当中裂纹起裂的瞬间,获得了在不同几何参数条件下的各个试件当中预制裂纹的起裂规律;在试验过程中发现,绝大多数的试件起裂是从预制主裂纹的外尖端开始的,确定了主次裂纹系统中裂纹失稳的关键点是主裂纹的外尖端点。

(3)单轴荷载作用下,含两条不等长预制裂纹的试件是否产生岩桥贯通主要与岩桥长度、次裂纹长度以及裂纹面的倾角有关;在固定的裂纹长度下,随着岩桥长度的增加,预制裂纹之间的相互作用趋于减弱,发生岩桥贯通的概率也逐渐减小,当岩桥长度达到或者超过主裂纹的长度时,不等长裂纹间的相互影响已经相对较弱,此时试件较难发生岩桥贯通破坏;在固定的岩桥长度下,随着次裂纹长度的逐渐减小,主、次裂纹之间的相互作用也会减弱,使得裂纹之间的岩桥区难以发生贯通破坏,当次裂纹长度减小至主裂纹长度的 1/6 时,两裂纹间的相互作用已经小至可忽略不计,两裂纹将不会发生贯通。

(4)含不等长双裂纹试件在单轴压缩试验时,试件表面位移矢量场在受压初期位移很小,基本不受预制裂纹的影响;当荷载接近试件承载力极限时,全场位移矢量图开始出现局部位移“突变”,裂纹起裂点附近位移量突然增大并且位移方向产生较大的偏转,位移矢量场基本在裂纹的扩展路径附近以及破裂部位产生较大位移量,体现了试件表面的裂纹扩展路径以及裂纹的张开程度;预制裂纹缺陷的存在会使得试件出现局部应变集中的现象,应变集中的程度主要同预制裂纹的尺度相关,预制主裂纹的内外尖端处应变集中现象最为明显,尤其在主裂纹的外尖端附近区域应变值最大,裂纹在扩展之后的走向主要是沿着 ε_X 应变集中区,且以翼裂纹为主。

(5)通过 RFPA 系统对含不等长多裂纹组合的模型进行了单轴、双轴加载数值试验,验证了物理试验中获得的对试件破坏起主控作用的关键点;通过对试验结果的分析,获得了岩桥与加载方向的角度对裂纹之间连接贯通的影响规律,其中当裂纹之间的岩桥连线与加载方向平行时最容易产生裂纹贯通,贯通模式一般为拉贯通;通过双轴加载的数值试验,得到了侧向压力对裂纹扩展的影响规律,其中侧向压力会使裂纹的扩展路径发生变化,使得主导试件贯通破坏的裂纹从主生裂纹转变为以次生裂纹为主,并且随着侧向压力的增大主生裂纹在加载过程中扩展量会逐渐减小,裂纹起裂时的强度也会随着侧压的升高有明显增大的趋势,表明了侧向压力对裂纹的起裂有限制的作用。

(6)求解出了Ⅰ-Ⅱ复合型不等长双裂纹在受拉状态下的失稳起裂强度表达式,通过对公式的分析,发现岩桥长度、次裂纹长度以及裂纹面与加载方向夹角会对裂纹的起裂强度产生影响,其中裂纹面的角度对起裂强度影响最大。

7.2 创新点

(1)在物理试验过程中,通过高速摄像机系统捕捉到了裂纹起裂的瞬间及扩展过程,研究了含不等长双裂纹试件的裂纹起裂规律,获得了含不等长双裂纹试件裂纹失稳起裂的关键点位置;通过对裂纹扩展全过程的研究,获得了裂纹面角度、岩桥长度和次裂纹长度的变化对不等长双裂纹扩展的影响规律。

(2)通过 RFPA 系统对含不等长多裂纹(一主多次)组合的模型进行了单轴加载数值试验,获得了岩桥与加载方向的角度对多裂纹之间连接贯通的影响规律;通过对不等长双裂纹模型的双轴加载的数值试验,获得了侧向压力对裂纹扩展路径的影响规律以及对裂纹起裂强度的影响规律。

(3)基于 Weinstein 等求解出的含不等长双裂纹的裂纹尖端应力强度因子表达式与Ⅰ-Ⅱ复合型裂纹等$\sigma_\theta \varepsilon_\theta$线面积断裂(开裂)准则,建立了Ⅰ-Ⅱ复合型不等长双裂纹的裂纹失稳起裂时的强度表达式,获得了岩桥长度、次裂纹长度以及裂纹面与加载方向夹角与起裂强度的关系,其中裂纹面的角度对起裂强度影响最大。

7.3 展　望

本书研究的对象是二维形态的不等长裂纹系统的扩展规律,但是在实际工程中的裂纹扩展问题基本都是处于三向受力状态,也就是三维的裂纹扩展问题。作者认为进一步的不等长裂纹系统研究应考虑采用三维不等长裂纹的布置,结合透明材质的类岩石材料以及 CT 扫描技术来研究三维不等长裂纹系统的扩展问题。本书的另一不足是未能使用真实岩石预制不等长裂纹进行试验研究,缺乏类岩石材料同真实岩石材料试验数据的对比分析。

参考文献

[1] 周维垣.高等岩石力学[M].北京:水利电力出版社,1990.

[2] 陈宗基.发刊词[J].岩石力学与工程学报,1982,1(1):Ⅲ-Ⅳ.

[3] 关宝树,熊火耀,翁汉民.裂隙岩体强度的试验研究[C]//复杂岩石中的建筑物学术会议论文集.成都:西南交通大学出版社,1985:12-23.

[4] 郭志.实用岩体力学[M].北京:地震出版社,1996.

[5] 朱维申,梁作元,冯光北,等.节理岩体强度特性的物理模拟及其强度预测分析[C]//计算机方法在岩石力学及工程中的应用国际学术讨论会论文集.武汉:武汉测绘科技大学出版社,1994:486-493.

[6] 陶振宇,赵震英,余启华,等.裂隙岩体特性与洞群施工力学问题[M].武汉:中国地质大学出版社,1993.

[7] Wong R H C,Chau K T. Crack coalescence in a rock-like material containing two cracks [J]. Int J Rock Mech Min Sci,1998,35(2):147-164.

[8] 范景伟,何江达.含定向闭合断续节理岩体的强度特性[J].岩石力学与工程学报,1992, 11(2):190-199.

[9] 周维垣,杨延毅.节理岩体的损伤断裂力学模型及其在坝基稳定分析中的应用[J].水力学报, 1990(11): 48-54.

[10] Gran J K,Senseny P E,Groethe M A. Dynamic response of an opening in jointed rock[J]. Int J Rock Mech Min Sci,1998,35(8):1021-1035.

[11] 朱可善,刘东燕,张永兴.有边裂纹砂岩的压剪断裂试验研究[C]//中国岩石力学与工程学会第三次大会论文集.北京:中国科学技术出版社:1994:1-9.

[12] 张平,李宁,李爱国.动载下非贯通裂隙介质破坏模型的研究[J].岩石力学与工程学报,2001, 20(2):1411-1416.

[13] Reyes O,Einstein H H. Failure Mechanism of fractured rock-A fracture coalescence model [C]//Proceeding 7th International Congress of Rock Mechanics. USA:Balkema Publishers,1991:333-340.

[14] Shen B. The mechanism of fracture coalescence in compression experimental simulation [J]. Eng Fract Mech, 1993,51(1):73-85.

[15] Wong R H C,Chau K T,Tang C A,Lin P. Analysis of crack coalescence in rock-like materials containing three flaws-Part Ⅰ:experimental approach[J]. Int J Rock Mech Min Sci,2001, 38: 909-924.

[16] Bobet A,Einstein H H. Fracture coalescence in rock-type materials under uniaxial and biaxial compression[J]. Int J Rock Mech Min Sci,1998, 35(7):863-888.

[17] Vasarhelyi B, Bobet A. Modelling of crack initiation, propagation and coalescence in uniaxial compression[J]. Rock mech Rock Engng,2000,33(2):119-139.

[18] 刘东燕,朱可善. 岩石压剪断裂的模型试验研究[J]. 重庆建筑大学学报,1994,16(1):56-62.

[19] 车法星,黎立云,刘大安. 类岩石材料多裂纹体断裂破坏试验及有限元分析[J]. 岩石力学与工程学报,2000, 19(3):295-298.

[20] 白世伟,任伟中,丰定祥,等. 平面应力条件下闭合断续节理岩体破坏机理及强度特性[J]. 岩石力学与工程学报,1999,18(6):635-640.

[21] 沈婷,丰定祥,任伟中,等. 由结构面和岩桥组成的剪切面强度特性研究[J]. 岩土力学,1999, 20(1):33-38.

[22] 白世伟,任伟中,丰定祥,等. 共面闭合断续节理岩体强度特性直剪试验研究[J]. 岩土力学, 1999, 20(2): 10-15.

[23] 白以龙,柯孚久,夏蒙棼. 固体中微裂纹系统统计演化的基本描述[J]. 力学学报,1991, 23(3):290-297.

[24] 邢修三. 损伤和断裂的统一[J]. 力学学报,1991,23(1):123-126.

[25] 余天庆,钱济成. 损伤理论及其应用[M]. 北京:国防工业出版社,1993.

[26] 林鹏, 唐春安, 黄凯珠, 花岗岩中预制裂纹与裂纹、孔与孔缺陷的相互作用[C]//新世纪岩石力学与工程中物理及数值模拟新进展学术讨论会. 泰安 2001.

[27] 李世愚,尹祥础,李红,等. 闭合裂纹面相互作用过程中的多点破裂现象及其分析[J]. 地球物理学报, 1989,32(1):174-180.

[28] 李世愚,藤春凯,卢振业. 裂纹间动态相互作用的实验观测与理论分析——以共线剪切裂纹归并为例[J]. 地球物理学报,1998,41(1):79-88.

[29] Lang F F. Interaction between overlapping parallel cracks: a photoelastic study[J]. Int J Fracture,1968,4: 287-294.

[30] Robert, L K. Crack-crack and crack-pore interactions in stressed granite[J]. International Journal of Rock Mechanics and Mining Science, 1979,16:37-47.

[31] Lin P, Logan J. Interaction of two closely spaced cracks: A rock model study[J]. Geophys. Res. 1991, 96: 21667-21675.

[32] Ashby M F, Hallam S D. The failure of brittle solids containing small cracks under compressive stress states[J]. Acta Metall, 1986,34(3): 497-510.

[33] Griffith, A A. The phenomena of rupture and flow insolids[J]. Phil. Trans. Royal Soc. London, 1921,Series A,221:163.

[34] Brace W F, Bombolakis E G. A note on brittle crack growth in compression[J]. J. Geophys. Res. , 1963, 68(6):3709-3713.

[35] Brace J, Carter, et al. Tensile fracture from circular cavities loaded in compression[J]. International Journal of Fracture, 1992,21(3):256-263.

[36] Cook N G W. The failure of rock[J]. Int. J. Rock Mech. Min. Sci. 1965, 2:389-403.

[37] Salamon M D G. Elastic moduli of a stratified rock mass[J]. International Journal of Rock Mechanics and Mining Science. Abstra, 1968,5:519-527.

[38] McClintock F A, Walsh, J B. Friction on Griffth cracks in rocks under pressure[C]// Fourth U. S. Nat. Congr. Appl. Mech. 1961, (PROC>):1015-1021.

[39] Horii H, Nemat-Nasser S. Compression-induced microcrack growth in brittle solids: axial splitting and shear failure[J]. Journal of Geophysical Research, 1985,90(B4):3105-3125.

[40] Horii H, Nemat-Nasser S. Brittle failure in Compression: splitting and brittle-ductile transition[J]. Philosophical Transactions of the Royal Society of London, Series A, 1986, 319:37-374.

[41] Nemat-Nasser S, Horii H. Compression-induced nonlinear crack extension with application to splitting, exfoliation, and rockburst[J]. J. Geophys. Res., 1982,87,(B8): 6805-6821.

[42] Nemat-Nasser S, Obata M M. A microcrack model of dilatancy in brittle material [J]. Journal of applied mechanics, 1988,55: 24-35.

[43] Sammis C G, Ashby M F. The failure of brittle porous solids under compressive stress states[J]. Acta, metall, 1986,34(3):511-526.

[44] Kachanov M L. A microcrack model of rock inelasticity part Ⅰ: friction sliding on microcracks[J]. Mechanics of materials, 1982a, 1:19-27.

[45] Kachanov M L. A microcrack model of rock inelasticity part Ⅱ: propagation on microcracks[J]. Mechanics of materials, 1982b, 1:29-41.

[46] Murakami S. Mechanical modeling of material damage[J]. Transactions of the ASME, 1988,55.

[47] Kyoya T, et al. An application of damage tensor for estimating mechanical properties of rock mass (in Japanese)[J]. civil conference, 1985,358:6.

[48] Kawamoto T, et al. Deformation and fracturing behaviour of discontinuousrock mass and damage mechanical theory[J]. Int. J. for Numer. And Analytical methods in geomechanics, 1988, 12:1-30.

[49] 周维垣,岩体力学数值计算方法的现状与展望[J].岩石力学与工程学报,1993,12(1):84-88.

[50] 陈卫忠.节理岩体损伤断裂时效机理及其工程应用[D].武汉:中国科学院武汉岩土力学研究所,1997.

[51] 王庚荪.多裂纹的相互作用研究[R].武汉:中国科学院武汉岩土所,1993.

[52] Ashby M F, Sammis C G. The damage mechanics of brittle solids in compression[J]. Damage mechanics of brittle solids, 1990,133:489-521.

[53] Zhang W H, Valliappan S. Analysis of random anisotropic damage mechanics problems of rock mass, Part Ⅰ[J]. Rock mechanics and rock engineering,1990,23:91-112.

[54] Cai M. A constitutive model and FEM analysis of jointed rock masses[J]. Int J Rock Mech Min Sci & Geomech Abstr, 1993,30.

[55] Swoboda G. Stumvoll M,et al. Damage tendor theory and its application to tunneling[J]. Mech. of jointed and fault rock, Rossmanith,1990:51-58.

[56] 王庚荪,袁建新,吴玉山. 多裂纹材料的单轴压缩破坏机制与强度[J]. 岩石力学, 1992, 13(4):1-12.

[57] Olsson W A,Peng S S. Microcrack nucleation in marble[J]. Int J Rock Mech Min Sci Geomech Abstr, 1976,13:53-59.

[58] Kranz R L. Crack-crack and crack-pore interactions in stressed granite[J]. Int J Rock Mech Min Sci Geomech Abstr,1979,16:37-47.

[59] Lajtai E Z. Shear strength of weakness planes in rock[J]. Int J Rock Mech Min Sci Geomech Abstr, 1969, 6(7): 499-515.

[60] Savilahti T,Nordlund E,Stephansson O. Shear box testing and modeling of joint bridges, rock joints[J]. In: Barton N R,Stephansson O. Proc Int Symp Rock Joints. Norway,1990: 295-300.

[61] Horii H, Nemat-Nasser S. Compression-induced micro-crack growth in brittle solids: Axial splitting and shear failure[J]. Journal of Geophysical Research, 1985,90(B4):3105-3125.

[62] 徐靖南,朱维申. 压剪应力作用下共线裂纹的强度判定[J]. 岩石力学与工程学报, 1995, 14(4):306-311.

[63] 苏志敏,江春雷,Chafoori M. 页岩强度准则的一种模式[J]. 岩土工程学报,1999,21(3): 311-314.

[64] 李宁,陈文玲,张平. 动荷作用下裂隙岩体介质的变形性质[J]. 岩石力学与工程学报,2001, 20(1): 74-78.

[65] Li Ning , Chen Wenling , Zhang Ping . Strength properties of the jointed rock mass medium under dynamic cyclic loading[J]. Progress in Natural Science, 2001,11(3):197-201.

[66] Shen, B. , Stephansson, O, Numerical analysis of model Ⅰ and model Ⅱ propagation of fractures[J]. Int J Rock Mech Min Sci(special issue for the 34th U. S. Symposium on rock mechanics), 1993.

[67] 朱维申,梁作元,冯光北,等. 节理岩体强度特性的物理模拟及其强度预测分析[C]//计算机方法在岩石力学及工程中的应用国际学术讨论会论文集. 武汉:武汉测绘科技大学出版社,1994:486-493.

[68] 陶振宇,赵震英,余启华,等. 裂隙岩体特性与洞群施工力学问题[M]. 武汉:中国地

质大学出版社,1993.

[69] 左保成,陈从新,刘才华. 相似材料试验研究[J]. 岩土力学,2004,25(11):1805-1808.

[70] 李晓红,卢义正,康勇,等. 岩石力学实验模拟技术[M]. 北京:科学出版社,2007.

[71] 郭彦双. 脆性材料中三维裂隙断裂试验理论与数值模拟研究[D]. 济南:山东大学,2007.

[72] 席道瑛,钟时杰,黄理兴. 岩石裂纹扩展速度的研究与地震过程初探[J]. 岩土力学,1994,15(3):51-58.

[73] 李廷春. 三维裂隙扩展的 CT 试验及理论分析研究[D]. 武汉:中国科学院武汉岩土力学研究所,2005.

[74] Reyes O,Einstein H H. Fracture mechanism of fractured rock-a fracture coalescence model [C] Proc. 7th Int. Conf. On Rock Mech. 1991,1: 333-340.

[75] Shen B,Barton N. The disturbed zone around tunnels in jointed rock masses[J]. Int J Rock Mech Min Sci, 1997,34(1):117-125.

[76] Shen B, Stephansson O, Einstein H H,et al. Coalescence of fractures under shear stress experiments[J]. Journal of Geophysical Research, 1995,100(6), 5975-5990.

[77] Hoek E,Bieniawski Z T. Brittle fracture propagation in under compression[J]. International Journal of Fracture Mechanics, 1965,1: 137-155.

[78] Brace W,Byerlee J. Recent experimental studies of brittle fracture of rocks[J]. Failure and Breakage of Rock, 1967,AIME, 57-81.

[79] Ingraffea A R, Heuze F E, Ko H Y,et al. An analysis of discrete fracture propagation on rock loaded in compression[J]. Symposium on rock mechanics, 18, keystone, Colorado, 1, 1977, 2A4:1-7.

[80] Wong R H C,Chau K T. The coalescence of frictional cracks and the shear zone formation in brittle solids under compressive stresses[J]. Int J. of Rock Mech. & Min. Sci. , 1997, 34(3/4):366-373.

[81] Chau K T,Wong R H C. Effective moduli of microcraked-rock: Theories and Experiments [J]. International Journal of DamageMechanics, 1997,August, 258-277.

[82] Wong R H C. Failure mechanisms and peak strengths of natural rocks and rock-like solids containing frictional cracks[D]. Hong Kong Polytechnic University, 1997.

[83] Wong H C, Lin P,Chau K T,et al. The effects of confining compression on fractured rock mass[C]. Proceeding of Hong Kong Society of Theoretical and Applied Mechanics ,1998-1999 Annual Meeting, 1999.

[84] Lin P, Wong R H C. Chau K T et al. Multi-crack coalescence in rock-like material under uniaxial and biaxial loading[J]. Key engineering materials, 2000, Vol. 183-187, 809-814.

[85] Wong R H C. Lin P, Chau K T,et al. The effects of confining compression on fracture co-

alescence in rock-like material[J]. Key Engineering Materials, 2000, Vol. 183-187:857-862.

[86] Wong R H C, Chau K T, Tang C A, et al. Analysis of crack coalescence in rock-like materials containing three flaws-Part Ⅰ: Experimental approach[J]. International Journal of Rock Mechanics and Mining Science, 2001,38(7): 909-924.

[87] Tang C A, Lin P, Wong R H C, et al. Analysis of crack coalescence in rock-like materials containing three flaws-Part Ⅱ: Numerical approach[J] International Journal of Rock Mechanics and Mining Science, 2001,38(7):925-936.

[88] Chen G, Kemeny J M, Harpalani S. Fracture propagation and coalescence in marble plates with pre-cut notches under compression, Fracture and jointed rock mass, 1992:435-439.

[89] 林鹏. 含裂纹与孔洞缺陷介质的脆性破坏行为[D]. 沈阳:东北大学,2002.

[90] Bertram Broberg K. Cracks and Fracture[M]. Academic press,1999.

[91] 夏蒙棼,韩闻生,柯孚久,等. 统计细观损伤力学和损伤演化诱致突变(Ⅱ)[J]. 力学进展, 1995, 25(2): 145-170.

[92] 黄凯珠,林鹏, 唐春安,等. 双轴加载下断续预制裂纹贯通机制的研究[J]. 岩石力学与工程学报,2002, 21(6):808-816.

[93] Sih G G. Handbook of Stress-Intensity Factures for Researehers and Engineers. Institute of Fracture and Solid Mechanics[R]. Lehigh University, Bethlehem, Pennsylvania, 1973.

[94] 王昌军,侯威,陈四利,等. Ⅰ-Ⅱ复合型裂纹等$\sigma_\theta\varepsilon_\theta$线面积断裂准则[J]. 应用力学学报,2013, 30(2): 282-285.

[95] 林鹏,王仁坤,黄凯珠,等. 含裂纹缺陷脆性岩石的峰值强度模型[J]. 清华大学学报(自然科学版), 2006, 46(9):1514-1517.

[96] Swoboda G, Yang Q. An energy-based damage model of geomaterials-Ⅰ. Formulation and numerical results[J]. International Journal of Solids and Structures,1999,36,1719-1734.

[97] Chau K T, Wong R H C. Effective moduli of microcraked-rock: Theories and Experiments, International Journal of Damage Mechanics, August, 1997:258-277.

[98] Wong R H C, Chau K T. Crack Coalescence in a Rock-like Material Containing Two Cracks, Int[J]. J Rock Mech. & Min. Sci. 35(2), 1998:147-164.

[99] Wong R H C. Failure mechanisms and peak strengths of natural rocks and rock-like solids containing frictional cracks, Ph. D thesis, Civil and Structural Eng. Dept. [R]. Hong Kong Polytechnic University, 1997.

[100] Wong H C, Lin P, Chau K T, et al. The effects of confining compression on fractured rock mass, Proceeding of Hong Kong Society of Theoretical and Applied Mechanics, 1998-1999 Annual Meeting, 1999.

[101] 金观昌. 计算机辅助光学测量[M]. 北京:清华大学出版社,1997.

[102] Dai X, Chan Y C, So A C K. Digital speckle correlation method based on wavelet-packet

noise-reduction processing[J]. Applied Optics, 1999, 38(16): 3474-3482.

[103] Hong Miao, Fei Ge, Zhen Jiang, et al. Wavelet transform based on digital speckle correlation method: principle and algorithm[C]. Proc. SPIE, 2002, 4537: 420-405.

[104] Yamaguchi,Speckle displacement and deformation in the diffraction and Image Fields for small object deformation[J]. Opt. Acta,1981,28(10):1359-1376.

[105] Peters W F, Ranson. Digital imaging techniques in experimental mechanics[J]. Opt. Eng., 1982, 21(3): 427-431.

[106] Peters W F, Ranson M A, Sutton T C,et al. Application of digital correlation Methods to rigid body Mechanics[J]. Opt. Eng., ,1983, 22(6):738-742.

[107] Sutton M A, Bruck H A, McNeill S R. Determination of deformations using digital correlation with the Newton-Raphson method for partial differential corrections [J]. Exp. Mech., 1989, 29: 261-267.

[108] Sutton M A, McNeill S R, Jang J, et al. The effects of subpixel image restoration on digital correlation error estimates[J]. Opt. Eng., 1988, 27:173-185.

[109] Chu T C, Ranson W F, Sutton M A, et al. Applications of digital Image correlation techniques to experimental mechanics[J]. Exp. Mech, 1985, 25: 232-244.

[110] 唐春安,赵文.岩石破裂全过程分析软件系统 $RFPA^{2D}$[J].岩石力学与工程学报,1997,16(5):507-508.

[111] 唐春安,王述红,傅宇方,等.岩石破裂过程数值试验[M].北京:科学出版社,2003.

[112] 李云鹏,王芝银.岩体裂隙扩展过程的数值模拟[J].工程地质学报,1995,3(4):48-53.